宋犀堃

编著

美丽心灵 遇见 美好人生

心若美好，岁月芬芳

在心里种下一颗美丽的种子，静待花开

用一份美好的心态去收获成功，收获精彩

Beautiful Mind | Meet | Wonderful Life

新 华 出 版 社

图书在版编目（CIP）数据

美丽心灵遇见美好人生/宋犀堃编著. —北京:新华出版社，2018.10

ISBN 978-7-5166-4337-2

Ⅰ.①美… Ⅱ.①宋… Ⅲ.①女性－成功心理－通俗读物 Ⅳ.①B848.4-49

中国版本图书馆CIP数据核字(2018)第225971号

美丽心灵遇见美好人生

作　　者：宋犀堃

责任编辑：唐波勇　　图书策划：郑书凤
装帧设计：赵志军

出版发行：新华出版社
地　　址：北京石景山区京原路8号　　邮　　编：100040
网　　址：http://www.xinhuapub.com
经　　销：新华书店
购书热线：8008100260 13051882866

照　　排：新华出版社照排中心
印　　刷：涿州市京南印刷厂

成品尺寸：170mm×240mm
印　　张：18　　字　　数：300千字
版　　次：2018年11月第一版　　印　　次：2018年11月第一次印刷
书　　号：ISBN 978-7-5166-4337-2
定　　价：48.00元

图书如有印装问题，请与印厂联系调换：010-56718726

序 言

在心灵的花园播种美好

Foreword

每个人的心灵中，都应盛开着一片风景各异的花园。它是我们心灵的归依之处，也是我们幸福回忆的街角……那儿是充满魅力的世界，有春之花、夏之果、秋之实、冬之草，簇拥成人生沿途一道道旖旎的风景。正是因为有了这片心灵花园，生命才能在逆境中吐露出醉人的芬芳；人生才能在成功中充满了缤纷色彩，生活才能在享受中充满了温馨幸福……

心灵的花园，在人的一生中，都会充盈和散发着独特美妙的景色、智慧和力量。在生命的不同阶段，不同时期，心灵花园的姿态不一，景象各异。童年的花园纯洁无瑕，少年的花园充满幻想，青年的花园热情似火，中年的花园博大精深，老年的花园仁厚绵远。

著名作家梁晓声在《心灵的花园》中写道：谁不希望拥有一个小小花园？哪怕是一丈之地呢！若有，当代人定会以木栅围起。那木栅，我想也定会以各人的条件和意愿，摆弄得尽可能的美观。然后在春季撒下花种，或者移栽花秧。于是，企盼着自己喜爱的花儿，日日的生长、吐蕾，在夏季里散紫翻红开成一片。虽在秋季里凋零却并不忧伤。仔细收下了花籽儿，待来年再种，相信花儿能开得更美……

心为花园，思想为种，播下美丽、智慧的种子，可以繁花似锦；撒下干瘪、拙劣的种子，就会杂草丛生。哲人说："心灵是一块闲置的空地，你不种庄稼，它就会长杂草。"唯有细心地播种，辛勤地耕耘，才能收获真正属于自己的花园，才能让花园草绿花香、天蓝水静、溢满芳馨。经常用阳光去照耀它，才能使之温暖如春；经常用雨露去滋润它，才能使之茁壮成长；经常用春风去沐浴它，才能使之纯洁美丽。

心灵的花园，宽广纯净幽谧，能够让灵魂在此荡涤升华，能够捕捉到欢快的声音，摄取到清雅的风景，洗涤掉浮生的烦恼，升发出舒畅的精气神。春去秋来，花开花谢，也许花园会在某个季节有所沉寂，但这并不意味着生命就此消沉。我想，只要时时施以合适的温度、光照、水分、空气、肥料等这些花卉生长发育的要素，科学修剪护理，生命的花儿，一定还会鲜艳绽放。走过酝酿，走过等待，那开放的花朵，将会更馨香、芬芳；那成熟的果实，将会更沉甸、甘甜。

哲人如是说：怨恨是心灵花园的杂草，宽容是认真劳作的员工。由有形到无形，塑造一片健康美丽的心灵花园，比构建一座现实的花园要困难得多。鸟语花香的心灵天堂，需要心灵的过滤和升华，由浮躁变得静谧，才能慢慢地融入纯净淡雅的生活中去。掸去一路的尘埃，沐浴着诗意的月光，在微风的轻抚中，在燕儿的呢喃中，让一缕缕和煦的春风，让一束束灿烂的阳光，去照射和暖融花园里的一花一草一木……

愿你能用一颗善良博爱之心，用一双勤劳智慧之手，来精心经营好自己心灵中的那一片花园！让心灵多一缕阳光，让生命充满激情，让生活充满信心，用博大的胸怀容纳世事的变幻，用不息的奋斗跳跃艰辛的历程。那一刻，你的生命之花，将会永远四季如春般绽放；你的心灵花园，将会是满园春色，缤纷多彩，累累硕果！

目录

Catalogue

目录 Catalogue

第一章

Chapter One

美丽心灵

成就人生无限美好

人生境界，说到底是心灵的境界。若心乱神迷，无论你走多远，都捕捉不到人生的本象，领略不到美好的风景。唯有心灵的美好，方能铸就人生的美好。这种美好，是得失后的平和，是诱惑前的淡定，是困苦中的从容，是笑对不公的释然。

拥有好心灵，就有好人生

女人的美好首先表现在美丽的心灵上。容光焕发，神采奕奕，对生活充满希望的女人，浑身散发着一种积极向上的正能量，使人永远感到春天阳光般的温暖。

最快乐的女人并不认为一切东西都是最好的，而是满足于自己已有的一切；最幸福的女人并不认为生命都是一帆风顺的，而是用美好的心情对待生活。其实，决定一个人命运的关键就是“心态”。

一位伟人说过：“要么你去驾驭生命，要么是生命驾驭你。你的心态决定谁是坐骑，谁是骑师。”人生并非只有无奈，也可以由自身主观努力去把握和调控的，心态就是调控人生的控制塔。有什么样的心态，就会有什么样的生活和命运。

生活中总会有各种各样的事情发生，没有人可能预料明天会发生什么，但你可以用良好的心态做人生的指挥官，相信自己才是自己命运的主宰。

一位名人曾经说过：播下一种心态，收获一种思想；播下一种思想，收获一种行为；播下一种行为，收获一种习惯；播下一种习惯，收获一种性格；播下一种性格，收获一种命运。这句话的直接结果就是：心态决定命运。拥有好的心态，命运就掌握在自己手中。

无论一个人多么的有能力，如果缺乏好的心态，就什么事都做不成。良好心态的能量是巨大的，也是动力产生的源泉。有了它，你就能把握住自己的命运，实现人生的理想，在人生的道路上勇往直前。

有个叫琳的女孩大学毕业后，到一家跨国公司去应聘业务员，毕业于名牌大学的她非常顺利地进入到了最后一轮的面试。

面试是由公司的总经理负责。个头不高，微微有些发胖的总经理四十多岁的样子，眼睛里透着精明、练达，他看了看琳的资料后，说："虽然你的表现很优秀，但我们仍不会聘用你。"琳有些意外，大脑一片混乱，不过她还是清醒地意识到应该保持风度，微微一笑，说："没关系，我再到别的公司碰碰运气。"

"年轻人，请你告诉我，你走出这里会先想到什么？"

面对这个已属额外的问题，琳坦然地说："我应该首先想一下这次面试失败的原因，发现自己的不足，争取下一次成功。"

"你不用想了，我们决定聘用你，我们需要善于总结教训、承担失败的业务员。"

8个月后，琳已经成为这家公司的部门经理。

琳能成功获得公司的工作岗位，完全是她积极的人生态度打动了面试官，这也正是面试官想要的。积极心态是女人成功的首要条件，是一个人思考问题的方法。一个人如果是个积极的思考者，喜欢接受挑战和应对麻烦事，那她就成功了一半。琳的事例就验证了这一点。

人们常说，性格决定命运，心态决定姿态。对待生活，不同的态度就会有不同的表现。要看一个女人生活得是否幸福，不能看她的物质状况，因为有钱的不一定就会觉得幸福，而经济条件一般的，却未必会觉得不幸福。

我们的欢乐与痛苦，其实都是自己的心态所造成的。心态都有“好”与“坏”之分，尤其是当它反射到我们心灵上的时候，由于掺杂了主观臆断的因素，我们心目中的“好”与“坏”也就偏离了原来的真实本质。所以，懂得如何快乐生活的女人，遇事会保持一个积极的心态。

一位作家曾写道：“快乐是一种角度，从这边看是痛苦，换一边看未尝不是幸福。被刺到手时，你的快乐是因为它没有刺到眼睛。”看问题角度不一样，心态自然也就不一样了。

在每个人的一生中，每天都会进行无数次的自我暗示和对话。如果这些信息都是正面的、积极的，就会不断地激励自己，奋发图强，勇于向着理想的目标登攀，从而获得成功。反之，将一败涂地。

无论生活多么糟糕，都要保持一种积极心态。人生中有晴天丽日，也有阴雨霏霏，有了积极心态就可以超越恐惧、自卑、胆怯、气馁；有了积极心态就不怕失败；有了积极心态就有了健康的精神与信念，就有了永远保持魅力的资本，同时积极心态给你带来的一切也将受用终身。

从现在开始，选择积极的心态；从现在开始，去爱你的工作，去爱你身边的一切；你的岁月会奏起激扬的乐章，世界也将因你而精彩！

良好的心态是智慧的珍宝，它意味着一种成熟的经历以及对于事物规律不同寻常的了解。无论是狂风暴雨还是艳阳高照，无论是沧桑巨变还是命运逆转，一切都没有关系。

良好的心态是拥有诸如善良、宽容、平和、从容等多种美好的态度。面对挫折、苦难，她总是保持一份豁达的情怀，能保持一种积极向上的人生态度；心灵的美丽是拥有博大的胸襟，非凡的气度，能笑对人生的风风雨雨。

心 | 灵 | 寄 | 语 —— HEARTWARMING

心灵美丽的女人永远安静、沉着、待人友善；美丽的心情是生命盛开的鲜花，是灵魂成熟的果实，也是女性青春永驻的奥秘。

我心坦然，于是我心美丽

曾经读到过一篇文章，深有感触：

活着真叫累，有人这么感喟。

活着真叫烦，更有人这么嘘叹。

活着真的美丽，而我却喜欢这么对生活总结。

寻找了千百种理由之后，才得以发现，生活在我的视野下呈现出与人的不同，不是生活赐予我有什么不同，却仅仅是因为，在我的胸襟之中，盈盈地盛满这么两个字：坦然。

我坦然，于是我心美丽。

我心美丽，于是我的人生跟着美丽。

曾经看到那些假日垂钓者，一大早出门，夕阳之下拎着空空的鱼篓回家的时候，仍是一路欢歌。不禁讶然：付出了一天的等待却一无所获，怎么还可以这般快乐满怀？给我回答却是：鱼不咬我的钩那是它的事，我却钓上来一天的快乐！对钓鱼的人来说，原来最好的那条鱼便是快乐。

坦然是一种失意后的乐观。

曾经看到那些下夜班的纺织女工，写满倦意的脸上却交织着与朝霞一样灿烂的笑靥，我便想：怎么说女孩子从事这种职业也不是最让人满意的呀！给我的回答却是：公主永远只有一个。但如果没人为她织出那么多彩锦，一个公主也没有哇！对织布的人来说，原来最美的那布匹却是穿在了自己的身上。

坦然是沮丧时的一种调适。

曾经看到一个扫了三十几年大街的老伯，每天把一条长长的大街扫得一尘不染，让上早班的人灿然走过。我便想：这么几十年这样平平淡淡走过，这老伯可说是小城里生活得最不顺心的一个了。给我的回答却是：这条街只有我扫得最干净。对扫街的人来说，原来扫得最清洁的恰恰是自己的心。

坦然是平淡中的自信。

忽然想起泰戈尔最有名的一句诗“天空不留下我的痕迹，但我已飞过。”这便是对“坦然”做了最好的诠释。

是的，许多的事得失成败我们不可以预料。我们只需尽力去做，求得一份付出之后的坦然和快乐；许多的人我们捉摸不透、防不胜防，往往是我们想走近，人家却早已设起屏障。我们不必计较，我们唯一能做的是，在我们必须面对他们的时候，奉上我们的真心，然后感悟自己的博大；许多的选择如果能让我们抓住，有可能抵达我们的成功，但我们一次一次失却机会。没有关系，那只是命运剥夺了你活得高贵的权利，却没有剥夺你活得快乐的权利！

一个小女孩被妈妈要求去洗自己的衣服。但是小女孩边洗边感觉很委屈，因此连连叫苦。爸爸走过来问她为什么不高兴。

小女孩嘟着嘴说：“妈妈让我洗衣服，但我不喜欢洗衣服。”

父亲继续问：“如果不高兴，是不是就可以不洗了？”

“妈妈说自己的衣服要自己洗，即使不高兴，也还是得洗。”

“那就高高兴兴地去洗吧。反正高兴是洗，不高兴也是洗。以后等你长大了有很多事情都要你去做，人的一生不可能总是做你喜欢做的事情。一旦具备了这样的品质，你就能够面对周而复始的新的挑战了。”

小女孩听了爸爸的话，若有所悟地说：“是啊，叫苦是没有用的，我这就去洗！”

我们已经不是不谙世事的小女孩了，作为成熟的女人，我们已经明白了生活中有太多的事情是我们自己不能左右的。它不会因为我们的喜怒哀乐而发生改变，无论我们高兴与否，该来的会来，该走的会走。困难也一样不会因人的不快乐而减少，但是生活却可以因人是否快乐而改变，所以，我们有什么理由让自己不快乐呢？

做人难，做女人更难。对于这句话，女人们大概都很认同，感觉这话说出了女人的心声。但是，难归难，生活却还是要继续。因此，大可不必整日担忧生活中的困难和麻烦，更不必担忧未来会有什么困难，唯有坦然乐观，才是最真实的人生态度。

人不可能一直处在一帆风顺的顺境中，风水轮流转，好坏总是循环的，所以

我们面对困境，心理上一定要做好最佳的准备，坦然处之，切勿盲目悲观。

人生中的困难可以带给人悲伤，也可以打破平庸，诞生出不平凡，因此我们面对逆境的时候也要保持坦然乐观的心态。对于悲观焦虑的人来说，苦难往往会让人惊慌失措，仿佛人生没有了希望。不过有的人乐观向上，能承受住打击，甚至在苦难的压力下激发出更大的潜能，他们坚信现在的灾祸就是对人生的考验，未来还是充满希望的。

慧光禅师经常云游四海，普度众生。一天，禅师正在大道上行走，看见一条小河，清澈见底，水中游鱼可现，游来游去毫无挂碍。禅师对身边的人说："做人要像鱼儿一样，明心见性，从容自得，要是做什么事情都执着，不懂得提起放下的道理，人生便苦恼不堪。"徒弟们若有所悟。这时天已将傍晚了，暮色苍茫。徒弟们都劝慧光禅师返回寺院，以免受夜晚清冷之苦，慧光禅师却摇头说道："你们先回吧，不要以我为牵挂。别人若是问起你们我在何处，你们怎么回答？"徒弟们说："不在那时，不在那处，四方云游，了然无痕。"慧光禅师很满意，摆手让徒弟们退下了。

慧光禅师来到一家饭馆，刚坐下，老板娘就迎上来，一看是个和尚，便双手合十，连忙吩咐小二将素斋给禅师端上来。禅师称谢，埋头吃饭，可是在吃的时候，却听见老板娘愁苦的叹息声。禅师就问："女施主，有何事解不开，不妨说与老衲听听。"老板娘道："大师，我们这个小店小本经营，没有多少收入，我丈夫是个老实人，不会钻营取利，一天忙下来没有什么收获，心中十分苦恼。这样下去，我们的生活实在没有什么起色，也没有什么奔头。”

慧光禅师问道：“一天之中，你的孩子可曾遭遇不幸？你的丈夫可曾有损身体？你的小店可曾遭遇强盗？”老板娘说：“没有。”“这就对了，”慧光说：“小本经营没有破产的风险，收入不多却可以供给己用，丈夫老实，自是没有三心二意，至于生活没有起色，全在于你的心境。天下不知道有多少人家羡慕你这殷实的小康之家。施主，平平安安过好每一天即是福，没有什么比这更重要的，难道你为了生活上的起色，愿意你的丈夫涉险吗？所求过多则痛苦丛生，切记！”老板娘豁然开朗，面露微笑。

人生在世，没有单纯的福、纯粹的祸，有时候事情发生的瞬间，是好是坏仅仅就在一念之间，悲伤往往是我们强加给自己的。乐观坦然的人会把不利的条件转化为有利，把不幸转化为幸福。其实在很多情况下，只需要一点乐观，情况就会完全改观。

德国哲学家叔本华曾说：“一个悲观的人，把所有的快乐都看成不快乐，好比美酒到充满胆汁的口中也会变苦一样。生命的幸福与困厄，不在于降临的事情本身是苦是乐，而要看我们如何面对这些事。”

生活中，总有一些人在感慨自己没有好机缘，没有好背景，认为是命运在捉弄她们。乐观的人却不相信命运，而是乐观地看待困境，用自己的智慧和汗水绘就幸福的人生画卷，坦然地去面对苦难。

小萱莫名其妙地背了黑锅，并被老板炒了鱿鱼，老板要她下午到财务室结算工资。中午，她坐在公园的长椅上黯然神伤，突然，她发现一个小孩子站在她的身边一直不走，她便奇怪地问：“你站在这里干什么？”

“这条长椅背上刚刚刷过油漆，我想看看你站起来的时候后背是什么样子的。”小家伙天真地说。

小萱怔了怔，笑了。她忽然恍悟：如同这双天真烂漫的眼睛想看到我背后的油漆一样，昔日那些精明世故的同事也正怀着强烈的兴趣想要偷窥我的颓态。选择和被选择不过是这个世界上时时刻刻都发生着的再平常不过的事情，这件事情对于我的唯一意义便是提醒我必须找到一个更适合自己的工作。

那天下午，当昔日的同事纷纷心照不宣地出来和她打招呼时，看到的却是一张与平日无异的平静美丽的面容。短暂的自我调整之后，她又找到了一份很不错的工作。

从小萱的遭遇中我们可以看到，乐观会让人充满力量，获得成功、幸福和健康，攀登到人生的顶峰。坦然的女人相信自己能适应环境，同样也能改变环境，一切都会因为自己的努力和付出而改变。没有“天时”，她们会韬光养晦，为自己的目标做好充分的准备；没有“地利”，她们会在工作中观察、在观察中工作，寻找并创造机会；没有“人和”，她们能够化敌为友，建立良好的人际关系。

心｜灵｜寄｜语 HEARTWARMING

没有蓝天的深邃可以有白云的飘逸；没有大海的壮阔可以有小溪的优雅；没有原野的芬芳但可以有小草的翠绿！生活中没有旁观者的席位，我们总能找到自己的位置，自己的光源，自己的声音！

我们有美好的胸襟，才能活得坦然。

我们活得坦然，生活才给我们快乐的体验。

只要你爱，生命之花便永远盛开

我不去想，
是否能够成功，
既然选择了远方，
便只顾风雨兼程。
我不去想，
能否赢得爱情，
既然钟情于玫瑰，
就勇敢地吐露真诚。
我不去想，
身后会不会袭来寒风冷雨，
既然目标是地平线，
留给世界的只能是背影。
未来是平坦还是泥泞，
只要热爱生命，
一切，都在意料之中。

这是汪国真的代表诗作之一——《热爱生命》，它告诉我们，只要心中有爱，有着对生命的一种热爱，一切美好的结果也就在意料之中了。

杰克·伦敦有一本脍炙人口的小说，名字也叫《热爱生命》。小说讲述的是这样一个故事：

一个美国西部的淘金者在返回的途中被朋友抛弃了，他独自跋涉在广袤的荒原上。冬天逼近了，寒风夹着雪花向他袭来，他已经没有一点食物了，而且他的腿受了伤，鞋子破了，脚在流血。他只能歪歪斜斜地蹒跚在布满沼泽、丘陵、小溪的荒原上，非常艰难地前行着。就在他的身体非常虚弱的时候，他遇到了一匹病狼。他发现这匹病狼跟在他的身后，舔着他的血迹尾随着他。就这样，两个濒临死亡的生灵拖着垂死的躯壳在荒原上互相猎取对方。为了活着回去、为了战胜这匹令他作呕的病狼，最终在人与狼的战斗中人获得了胜利，他咬死了狼，喝了狼的血。最终他获救了，使生命放射出耀眼的光芒。

这个悲壮的故事，生动地展示了人性的伟大和坚强，充分展现出人性深处的闪光点，生动逼真地描写出了生命的坚韧与顽强，奏响了一曲顽强的生命赞歌，可谓撼人心魄。

生命本身蕴涵着巨大的潜在能量。生命有时极其脆弱，瞬间，它可能就会化为乌有；可是生命有时又异常强大，强大得令人惊叹。这种能量让你不管面对什么，哪怕是吞噬你的荒野、野兽，还是饥饿、疾病的折磨，都会支撑着你勇敢地战胜它。而在背后支撑生命、提供能量的无疑就是坚定的信念。只要心中生存的信念还在，只要不轻易放弃自己的生命，再窘困的处境也能绝处逢生。另一方面来说，热爱生命，就要有所信仰，有所追求。当人们没有了信仰，没有了追求，生命便仅剩一副躯壳，与一具行尸走肉何异？

她一生中见过的多数花都是在病房里，见花开花败，见人生人死。

她是外科医生。在一次与死神较量失败之后，她无意间看到，病人的床头柜上放着一束花，娇艳地盛放着，美丽妖娆，浑然不知主人的离去，黑色的花蕊像一只只冰冷嘲弄的眼睛。花朵的盛开，生命的陨落，形成了鲜明的对比，充满了讽刺与悲凉。自那以后，她便不再爱花。

周围的人并不知道她所经历的、见到的，也不知道她内心对花的偏见。有个病人，在初次见面时就送了她一盆花，她心里不喜欢，却不忍心拒绝。或许，是病人纯粹的笑容感染了她；或许，是因为她心里清楚，除非有奇迹发生，否则医院会是他人生的最后一站。

那天，这个病人没有听她的话，和儿科的小病人们玩游戏，累得大汗淋漓。她责备他，他却做了一个鬼脸，吐了吐舌头。傍晚，她的桌上多了一盆花，三瓣紫黄红的花瓣斑斓交错，很像展翅的蝴蝶。花盆旁边有一张纸条：“医生，你发脾气的时候一点儿都不可爱，知道像什么吗？”她忍俊不禁。

第二天，她的桌上多了一盆花，是小小园圃的一朵朵红花，每一朵都是仰面的一个“笑”：“医生，你知道你笑的时候像什么吗？”他告诉她，昨天那种花叫三色堇，今天的花叫太阳花。

阳光把竹叶照得透绿的日子里，他带她到附近的小花店走走，她这才恍悟，世上竟然有这么多种花。玫瑰深红，康乃馨粉黄，郁金香艳异，马蹄莲幼弱婉转，栀子花香得销魂，而七里香更是摄人心魄。她也惊讶他谈起花时绽放光芒的眼睛，那眼神里没有病痛，没有恐惧。

他问她，喜欢花吗？她说，花没有感情，不懂得爱。他笑着说，花的情唯有懂的人才明白。

一个烈日炎炎的正午，她远远地看见他在住院部后面的花园里站着，走近喊了他一声，他连忙回身，食指掩唇："嘘——"那是一株矮矮的灌木，缀满了红色灯笼般的小花，每一朵花囊都在爆裂，无数花籽像小小的空袭炸弹向四周飞溅，像是一场密集的流星雨。她没再说话，在寂静的时光里，他们共同见证了生命最辉煌的历程。他蹲下身，捡了几粒花籽装进口袋。

第二天，他送了她一个盛满了黑土的花盆，并夹了张字条："这种花名叫死不了，很容易养活，过几个月就会开花——可惜，那时我已经不在了。"她心里突然涌起一股悲伤，还有一股倔强，她想证明命运并非不可逆转的洪流。

几天之后的深夜，她值班。铃声响起，她一跃而起，冲向他的病房。他始终保持着清醒，对周围的每个人，父母，兄弟，亲友，以及所有参加抢救的医护人员说："谢谢你们。"脸上的笑容，像是刚刚展翅便遭遇风雨的花朵，渐渐凝成化石。她知道，已经没有希望了。

他离开后，她每天给那一盆光秃秃的土浇水，之后她参加医疗小分队去了贫困地区。她打电话回来问及那个花盆，同事说："看什么都没有，以为是废弃的，扔到窗外了。"她怔住了，有些失落，却什么也没说。

回来已是几个月后，她打开自己桌前久闭的窗，顿时震住了。花盆里有两株瘦弱的嫩苗，像是病中的孩子，一阵风就能把它吹倒似的。最高处，却是娇羞的含苞，透出一点红，像是跳跃的火苗。

这一次，她懂得了花的情意。易朽的是生命，就像转瞬即谢的花朵；可永远存活的，是对生命的渴望，是一份生生不息的热情。生命再短暂，也压不垮一颗不屈不挠、热爱生命的心。无论一生长与短，只要你爱，生命之花便永远傲然盛开。

根据美国"奇迹女孩"莉丝·默里的亲笔传记《Breaking Night》改编的电影《风雨哈佛路》，曾经震撼了亿万人的心。

莉丝八岁开始乞讨，十五岁时母亲因为吸毒感染了艾滋病身亡，父亲酗酒进了收容所，外公不肯收留她，只能流浪。她成长在一个脏乱的环境里，周围的人要么吸毒，要么自甘堕落，姐姐也步上母亲的后尘。

然而，这一切都没能磨灭她对生命的热爱，她不愿让自己就此沉沦。她说："我知道外面有一个更好更丰富的世界，而我想在那样的世界里生活。"

她以真诚争取到了参加进入中学的考试机会，以非凡的毅力用两年时间读完十门课，最后又以她的经历、她的真诚、她的一言一行，得到了一万两千美元的奖学金，成功地走进了哈佛，改写了生命的剧本。

要活得精彩，就要由衷地热爱生命。不管什么时候，经历了什么事，都要坚信生活的美好。

我们都应该热爱生命。没有它，我们就不可能在这片土地上耕耘、创造；没有它，我们就不会有喜怒哀乐；没有它，我们就不可能尝到世间的美食，看到世间的风景；没有它，我们就体会不到爱情的美好、亲情的珍贵、友谊的价值、知识的重要；没有它，我们就不可能有自己的价值。我们现在所拥有一切的一切，都要有一个前提——那就是生命。如果我们失去它，将一无所有。对于如此宝贵的生命，我们有什么理由不去好好的热爱呢？

我们应该热爱生命，每个人都不能轻言放弃。正如《人生颂》所写道："不要在哀伤的诗句里告诉我：'人生不过是一场幻梦。'"不要再抱怨世界欺骗我们，现实将我们彻底的击倒，其实是我们一直都看错这个世界。当你发现你所承担角色有高低之分时，你要快乐、自信、勇敢、自强，不要因为职业的卑微而看低自己，因为没有任何一件工作是低贱的；不要因为暂时的不如意而自卑、自暴自弃，更不要因为生活中出现某种小插曲而使生命暗淡。生命中没有过不去的坎，没有完不成的事情。没有比人更高的山，没有比脚更长的路，只要肯攀登，终会有成功的一日。

心|灵|寄|语 —— HEARTWARMING

生命不可重来，谁也无法预知未来，可正因为此，它才显得如此可贵。生命如同晴天里的一轮太阳，五光十色，分外耀眼，而爱则是架在蓝色天空下的那一抹彩虹，光彩夺目。太阳由于彩虹的映衬，更显生机，而生命则因爱而更加精彩。

在不完美中创造属于自己的美丽

很多女人都是家庭肥皂剧与催泪电影的忠实粉丝，那些镜头中的主角们的喜怒哀乐，总会让她们跟着有哭有笑。她们会羡慕主角们的完美爱情，也会学习主角们的面对逆境的坚强。在香港 TVB 电视剧中，有句金句常被编剧们翻来覆去地使用，“人生，最要紧是开心”，虽然十分简短，却非常实用。

这句简单的话语，也许是 TVB 的编剧们对于人生的最好总结，也是他们想要传达给观众的一个最正面的信息。我们的人生，存在太多的不完美，那些不如意的事情，每个人都会遇到。然而许多人就是在这不完美、不如意中努力地去生活，去积极地面对困境，在不完美中用心去创造属于自己的美丽。

多年前，有一部由真人真事改编的福音电影，曾经温暖过许多在逆境中的人，那部电影的名字叫做《生命因爱而动听》。

故事的女主角叫作Tracy，生活在温哥华的她，一直都是一个快乐的女孩。她拥有一个温暖的家，一个爱她的丈夫，还有一份她觉得十分有意义的工作。她的工作，是在一家医院里担任社工，鼓励那些患有绝症的人勇敢地去接受治疗，争取哪怕一丝生的希望。但是她的劝导方式却失败了，因为几乎没有病人回应她，直到在一次例行的身体检查中，她发现自己也得了癌症。突然从助人者变成被助者的身份转换，让她有点猝不及防，渐渐地她开始明白，为什么曾经那些病人对自己的开导是那么的排斥和难以接受，因为连她自己也没有勇气去面对那条必经的化疗之路。

幸好在这个时候，不离不弃的丈夫给了她最大的鼓励，使她找到了精神支柱，甚至可以说是生的希望。丈夫辞掉了工作，到医院全身心地照顾妻子，每天都与她谈心。有一次，丈夫推着她出去呼吸新鲜空气，他们看到一对耄耋老人在树下笑着交谈什么，阳光洒在他们布满皱纹的脸上，满是祥和与安宁。比起自己每天的忧愁与惆怅，这对老人对生命的从容深深感动了她。这个时候丈夫在耳边对她说："生命中最可怕的不是死亡，而是绝望。生命中最大的奇迹就是，从绝望中找到希望。"她想，如果生命真的只剩下倒数的几个月，那为什么我还要用悲伤来填满这最后的路程呢？这么想着，Tracy的心仿佛轻了很多。

每天她都告诉自己要珍惜，要微笑着去面对，只有这样她才无愧于己，无愧于爱她的人。丈夫看到她的改变，也为她感到欣慰，他们对生命的从容态度也开始在医院中得到接力般的传递，大家都试着去驱散绝症的阴霾，互相鼓励，相互扶持着去面对艰难的人生。那条死亡之路，被画上了一个笑脸，成了一条充满希望的阳光之路。

每个人的一生都是一场漫长却又有限期的舞台剧。在这个舞台上，会不断地有人进场离场，他们会在我们的生命中扮演许多角色，有的人让我们欢笑，有的人让我们悲伤。我们不知道命运这个编剧，会为我们安排多少次磨难，可是我们

必须对这个编剧有信心，相信它一定会为我们写出最精彩的人生。

所以，我们不妨善用 TVB 那句简单的金句来作为每天醒来第一句问候自己的话。在每天出门前，在镜子中给自己一个微笑，也向你在路上见到的每个人报以微笑。当你可以将这变成习惯并长久地坚持，你就会发现自己变得快乐了，那么你会发现自己变得快乐了，而在别人眼中你也会变得比从前更美，因为绽放真心微笑的女人，才是最美丽的天使。

心｜灵｜寄｜语 HEARTWARMING

我们总是在寻找属于自己的守护天使，天使是不一定有翅膀的，不一定穿白袍，甚至可能布满伤痕，但是天使的一生却都是充满爱的，充满祝福和使命的。

心静了，幸福就近了

一口井，经历了暴雨的洗礼，井水依然清澈，原因在于它懂得沉淀。沉淀是一种人生智慧，沉淀能让浮躁的心变得沉静，而沉静的心又能让生活变得更悠然。因此我们要学会沉淀自己的生活，让清者上扬，浊者沉淀。

沉静的女人，含蓄、矜持、内秀，经得起时间的雕琢。年轻女子的沉静，会让美丽多一份深邃，会让心灵多一份内涵。外在是甘于寂寞，不动声色，内里是沉着自信，默默进取，容纳着一切，却又超越着一切。中年女人的沉静，一如婉约、高雅的桂花，散发着清新怡人的香气，那是少经世事历练的年轻女人所没有的魅力，是经历岁月沉淀的成熟气质。

沉静的女人从不把张扬当个性，把炫耀当魅力。不会不分场合、不看对象就自以为是地说笑不止，而不顾别人的感受。她们明白什么该说，什么不该说，什么是别人的痛，什么是别人的隐私。她们不会粗枝大叶，亦不会夸张做作，她们知道怎样展示自己的格调，知道怎样对待复杂的生活，更知道怎样捕捉到高贵与优雅。闭口不言，莞尔一笑，那是剔除浮躁之后的宁静，是拒绝平庸之后的高贵，是抛弃浅薄之后的成熟。

某公司年会的晚宴上，一位身着简单黑裙，挽着韩式发髻的优雅女人，在一个安静的角落坐了下来。她身上没有一件奢侈品，除了一对珍珠耳钉，再无任何名贵的首饰。

衣着华贵的S女和H女朝着她径直走了过来，坐在旁边的位置上。她友好地示以微笑，却没有刻意寒暄。S女一如既往地炫耀着，说着她的高档礼服，说着她的蜜月旅行，说着她的国外采购。H女故作羡慕，内心却掩盖不住地想要表现自己，说起男友要换车，说起她唯一的爱马仕。当发现彼此不相上下时，两个人开始寻找台阶来圆场，她们转身把目光投向了那个安静的女人。

S女的关心显得太虚伪，说她该买件像样的晚礼服，她身上的款式看上去有点旧，与她的气质并不相符。她沉默着，微笑着，不解释。H女接过女伴的话，说她应该搭配一条项链会更好，一边说一边摸着自己颈上闪闪发亮的吊坠。她默不作声，脸上依然保持着微笑。

此时，宴会上最出彩的那位男士朝着她们走了过来。S女和H女相视一笑，并故作优雅之态，与之打招呼。谁知，那位男士却把手伸向了那个衣着简单的女人："我能请你跳个舞吗？"她微笑着把手伸向他，说道："当然。"走向舞池之前，她回头向S女和H女一笑："不好意思，我先失陪了。"接着，她便成了会场里最耀眼的精灵。

在嘈杂的会场里，S女听到有人窃窃私语："没错，她父亲就是美国总部的CEO。"顿时，S女觉得自己很流俗。那个女人的美，不只是音容笑貌上的美，还有一份不浮夸、不张扬的优雅。

有人曾经说过："当一个美丽的女人炫耀她的美丽时，就开始变得丑陋了；

当一个聪明的女人炫耀她的聪明时，就开始变得愚蠢了；当一个有才华的女人炫耀她的才华时，就开始变得一文不值了。”一个真正优雅的女人，她的一切都该是美丽的，容貌、衣装和心灵，缺一不可。可惜，太多高傲自负的女人，用趾高气昂的炫耀毁掉了那份独特的美。出身显赫、家境殷实、容貌出众、才华过人，这些本可以成为女人最好的资本，可一旦成了炫耀的工具，就会变得低俗而廉价。

没有足够的积蓄去支撑面子的时候，你可以放弃奢侈品，选择适合自己的个性产品；有了足够的经济实力做支撑，也用不着拿名贵的衣装堆砌自己，作为炫耀的资本。真正的档次不在于它的价位，而在于穿戴者的品位与修养。

古希腊诗人埃斯库罗斯说过一句话：“人不该有高傲之心，高傲会开花，结成破灭之果。在收获的季节，会得到止不住的眼泪。”这是对高傲张狂的人最好的忠告。可是，即便有了这样的忠告，依然有女人重蹈覆辙。

女孩的家境很好，父母经商多年，积累了大量的财富。从小养尊处优的她，从某知名大学金融专业毕业后，通过父亲的关系，进入一家集团的财务部工作。

尽管是初出茅庐，但女孩在着装打扮上却像是一个资历深厚的金领：每天上班总是身着名牌套装，拎着爱马仕的皮包，珠光宝气地出现在办公室里，非常惹人注目，生怕别人漠视了她这个新人的存在。

有一次，她看见一位女同事的大衣下摆处破了一个小口，就不假思索地问：“你的衣服坏啦，为什么不再买一件呢？”一句话问得人家满脸尴尬，女同事只得解释说：“噢，这件衣服前几天不小心弄破了，但是不影响穿，扔掉怪可惜的，当初也是花了我半个月的工资呢！”女孩并不理解同事害怕浪费的心理，接着说：“回头我给你两件吧，我有很多衣服穿一次就不喜欢了，而且每年都要买新的……”女同事表面应承着“好呀”，其实心里很不是滋味，感觉被伤了自尊。

年底，公司组织了庆祝会，年轻的同事聚在一起聊起了买房买车的问题，话语间都在抱怨房价太高买不起。女孩听后，不以为然地说：“看来，我还算幸运的哈！我家在市区有两套房子，郊区还有一栋别墅，不用操这份心啦！”同事们面面相觑，有的干脆闭口不言，有的笑了笑没出声，但所有人的脸上都写满了不快。

渐渐地，女孩发现同事们似乎都在刻意回避自己，态度也很冷漠。她不知道是什么原因，但也觉得在公司里如坐针毡，很不舒服。知女莫若父，看到女儿焉头耷脑的样子，父亲跟她说：“别人不会无缘无故地疏远你，是不是你平时的表现让别人不舒服了？与人相处，不管你的条件多优越，都不要张扬炫耀，这样才不会引起别人的‘羡慕嫉妒恨’。”

女孩回想自己跟同事相处的情景，终于明白了症结所在。此后，再去公司时，她收起了自己的“奢侈品”，设身处地去理解同事的言行，周围的人又开始慢慢地接纳了她。

亦舒在《圆舞》中说过：“真正有气质的淑女，从不炫耀她所拥有的一切，

她不告诉别人她读过什么书，去过什么地方，有多少件衣裳，买过什么珠宝，因为她没有自卑感。”

心|灵|寄|语　HEARTWARMING

沉静的女人知道，人生的风景不只有青绿，还有金黄；沉静的女人知道，世间繁华如过眼云烟，青春不再无须挽留；沉静的女人明白，内心充盈才能听到自己真实的声音，才能看淡世间的喧嚣；沉静的女人懂得，要把外在的美延续，就要把人生的涵养、经历和沧桑融入于心，化成一份沉稳大气，一份优雅从容。

越自信，越美丽

爱美是女人的天性，且为悦己者容。古今中外，美女如云，千万张面孔各不同，人们统一称之为美。但美是一种感受，没有标准的尺度来衡量。

“自信”和“美丽”本没有直接关系，可自信往往是最好的“化妆品”。自信的女人，不一定天姿国色，不一定闭月羞花，甚至可能相貌平平，但是因为那份自信使她瞬间变得光彩耀人、淡雅高贵。

著名的文学大师索菲亚·罗兰曾这样说：“一个缺乏自信心的女人永远也不会有吸引别人的美，没有一种力量能比自信更能使女人显得美丽。”古龙也说：“自信是女人最好的装饰品，一个没有信心的女人，就算她长得不难看，也决不会有那种令人心动的吸引力。”这些话都生动地说明了自信对女人的重要性。

相反，缺乏自信的女人几乎都有相同的生活模式：她们从不改变自己的服装样式；总是躲在同一群朋友中间；在人前自惭形秽、悲观失望，谈话时会突然脸红；死死守住自己牢骚满腹的工作……如此岂能获得别人的欣赏呢？

有一对双胞胎姐妹，她们长得非常相似，从小就穿一样的衣服和梳同样的发型。但是不论是邻居还是朋友，仍然一眼就能辨别出谁是姐姐，谁是妹妹。因为姐妹两个的性格很不一样，尤其是在自信方面。

由于妹妹从小身体比较弱，父母对她格外照顾得多，导致她性格柔弱。比她不过才大5分钟的姐姐非常自信，为人处世从容大度，也总是让着她。姐姐越强，她就越弱，那种不如别人的心理让她感到很自卑，因此，她从小胆小怕事、畏畏缩缩。

大学毕业后，姐妹两个进了同一家房地产公司做销售员。时间不久，姐姐就被提升为销售部经理，而妹妹则被调离了销售部。为什么呢？因为姐姐总是很自信地面对客户，令人信任，业绩突飞猛进。而妹妹一直很自卑，面对客户时胆怯心虚，说话都会突然口吃，有时不知道如何应对，哪个客户会“买账”呢？

在这个处处充满竞争的社会中，女人要扮演很多角色，那种自怨自艾、柔弱无助的女人已渐渐失去了市场。女人用自信心做后盾，学会自我拯救和自我完善永远是最重要的，也是最能赢得别人欣赏的方式。

做一个佳期如梦的女人，做一个美丽自信的女人，做一个开心快乐的女人。即使有一天你的容颜不在，青春远去，永远保持那份心情的你，美丽也不会离你远去，因为自信将使你更有魅力。

自信是一种可以使人内心饱满丰盈，外表光彩逼人的内在气质。正所谓“水因怀珠而媚，山因蕴玉而辉”，自信于女人就像“珠”于水，“玉”于山一样。自信的女人有“拥繁花似锦，坐看云卷云舒”的淡定和从容气度，在自信的女人眼中，你可以找到坚定的光芒。成功女人的自信，耀眼夺目；居家女人的自信，平和安详。如果你是个想让自己更美丽、更出色的女人，那么，就请你亮出发自内心的自信微笑，为我们的城市增添一道亮丽的风景吧。

自信的女人，温柔高雅，举止大方，谈吐得体，她们懂得在什么样的场合说什么样的话。不论是面对阿谀奉承，还是讽刺挖苦，都会以一颗平常的心去面对，她们不会跟你争吵得面红耳赤，也不会为自己辩解袒护，更不会跟你死死纠缠、歇斯底里。她们的身上永远散发着一种魅力，那就是自信！

自信的女人，走路时昂首阔步、沉着淡定的表情告诉人们她们的自信所在。无论坐在餐厅还是坐在大排档，都是一样的优雅，而微笑的魅力是她们能把握住人们的视线所在。

自信的女人，无论家庭、事业还是交际，都能一帆风顺，偶尔出现的挫折打击，总能被她们轻巧地化解，举手投足间，便能使事情向着有利于她们的方向转去。

自信的女人，不一定是女强人。女强人的雷厉风行与不可一世总让人敬而远之，而自信的女人却没有这样的特点，她们或者刚强，或者柔弱，或者中性，但都使人易于接近、喜欢接近。刚强的她们，会露出豪爽的一面，用一份坦诚与爽朗使你心悦诚服；柔弱的她们，总容易使人们心生怜爱，继而心甘情愿地为她们效力；中性的她们，无论男人女人都会对她们欣赏佩服，那是一份源于自信的洒脱。

自信的女人，懂得什么才是她最需要的。她们深深地懂得，芸芸众生，优秀杰出的人物不计其数，自己不可能网罗所有，与其漫漫找寻，不如与一个志同道合的人共度一生。所以，自信的女人，从来没有绯闻惹身，因为她们本来就洁身自爱，身正自然不怕影斜，偶有一些人造谣生非，也不过是给她们忠贞的爱情做一个广告而已。

自信的女人，可以给人带来无限期待和信任，因此，她们总是可以轻易地走进一个又一个新奇的领域。在新的环境中，自信的她们，可以用最短的时间，以最恰当的方式巧妙地处理妥当，在众人的赞叹声中，保持她们自信的微笑，给大家送去定心的精神动力。

自信的女人能够在事业上挥洒自如，让领导与同事乃至对手都心悦诚服地佩服她工作的能力。在工作上，她们举重若轻，能把握大局，做事稳妥细致。可以说，拥有了自信的女人，也就拥有了一份自信的明天。

“想要成为公主，你得相信自己就是一个公主。你应该像你所想象中的公主那般为人处世。你得高瞻远瞩，从容不迫，笑对人生。”每当有年轻的女孩让我推荐影片的时候，我都会想到《公主日记》，理由就是这句经典的台词。

安妮·海瑟薇饰演的米娅，是纽约城里一个普通女孩儿，跟单亲妈妈相依为命地过日子。她梳着一头乱蓬蓬的长发，鼻子上架着一副黑色粗框的近视镜，书呆子气十足。在学校里，米娅就像是一个“透明人”，俊男美女们从来没有注意过她的存在。

直到有一天，米娅从未谋面的奶奶突然闯入了她的生活，告诉她一个惊天的秘密：原来，米娅竟然是一个欧洲小国（虚构）的公主！她的父亲在大学里与母亲有过一段恋情和短暂的婚姻，但奶奶从来都不肯承认这一事实。如今，米娅的父亲意外身亡，她就成了唯一的嫡传，如果她不继位的话，皇位就会落到远亲手里。

自卑而内向的米娅，全身没有一点皇家气质，行为举止粗俗无礼，怎么看都不像是一个优雅的公主。要她做未来的女王，简直不敢想象。为了让她与公主的头衔名副其实，让王国里的人对她俯首称臣，皇后奶奶和艺术家妈妈以及米娅三人商议后决定：让皇后奶奶对米娅进行几个月的皇家训练。

在设计师的帮助下，米娅的卷毛头被拉成了顺直的秀发，一双明亮的眼睛不再受到宽边眼镜的遮挡，惯常的弯腰驼背也在奶奶的奚落下变得挺拔。高贵的站相和坐相，以及美丽的外表，确实给人一种脱胎换骨的惊喜感，至少看起来米娅已经有了公主的模样。

外表关过了，内心的坎儿却还在。自卑的米娅内心很害怕，她不敢面对自己真实的身份，更恐惧那一份不知能否担负得起的重任，她无数次在心里暗想：我能成为一个合格的女王吗？我能够做到吗？

就在这个时候，一封信给了米娅新生的力量。那是她父亲留下的一本日记和信件，素未谋面的父亲告诉她："勇者并非无所畏惧，而是判断出还有比恐惧更重要的东西；愚者不可取，故步自封则一点机会都没有。"

米娅不再恐惧，而是重新认识自己，坚定了去迎接未知生活的决心，决定接受公主的头衔。至此，一个普通的、自卑的平凡女孩，真正蜕变成了优雅高贵的公主。她的改变，不仅仅是外形和身份，更重要的是从心里甩掉了所有的自卑，相信自己就是一个公主。

喜欢这部电影，是因为每个女孩子心里都有过一个公主梦，那个公主端庄优雅、甜美可人，深受尊宠。《公主日记》恰恰演绎了真人版的童话，也告诉所有像米娅一样平凡的女孩子，这个世界上不存在天生优雅动人的“公主”，在出生的起点上，所有人都是一样的。当你意识到自我的存在，当你内心充满自信，认识到自己的美好，且还可以变得更好时，你也有资本成为一位优雅动人的公主。

缺乏自信的女人是没有底气的，就算戴上价值连城的首饰，穿着精良的时装，也无法装扮出淡定优雅的气质。内心对自己充满了肯定与欣赏的女人，就算没有倾国倾城的容貌，依然能够凭借那一份外露的神态和言行中的笃定，让人为之赞叹。

自信的女人，不同于自负的女人。自负的女人，或者容貌出众，或者才华惊人，或者家财万贯，或者权倾一时。而自信的女人，可能一无所有。然而，这两者的区别却又如此明显。自负的女人总是目空一切，高高地凌驾于众人之上，仗着自己的优势，不肯轻易向“凡间俗物”略微点头，令人望而生畏。而自信的女人，因为自信而多了平和、多了宽容、多了礼貌，因而，众人眼中的她，更易于交谈、易于接近。

自信的女人，拥有的东西不一定很多，但是，她们拥有的自信却是一份永不被外人夺取、永远属于自己的财富，这份财富使得她们拥有最具诱惑的美丽。

心|灵|寄|语 HEARTWARMING

外表的美丽会因时间的消逝而逐渐黯淡，由内而生的自然魅力才是人美丽的源泉。自信是根，美丽是花。人不能因为看到花就说花是根。人们先看到美丽，是因为自信滋养了美丽的花朵。自信所赋予的光彩是岁月无法冲蚀的。

第二章
Chapter Two

笑对人生
快乐心情，美好生活

快乐是没有条件的，它是幸福海洋里激起的美丽浪花，是人生乐曲中振奋人心的音符，更是一种积极向上的人生态度，是一个人内心真实的反映，是自动自发的。正如罗曼·罗兰所说：“所谓内心的快乐，是一个人过着健全的、正常的、和谐的生活所感到的快乐。”

心向暖阳，柔韧绽放

一位女性朋友的换了新的微信签名，说得非常好。

从现在起，做一个心向暖阳的快乐女子。

不纠结，不焦虑，不生气，

只愿无忧处事，岁月静好。

是啊，心向暖阳，无忧处事。谁会不欣赏这样的快乐女人呢？

有位记者问一位成功男士：“你最欣赏哪种女人？”记者心里想好万千种答案，然而令她出乎意料的是，男士冷静而果断地回答：“我最欣赏快乐的女人，这样的女人最具生命的活力。”

快乐的女人，以阳光般的心态炽热而深情，以大树般的姿态挺拔而巍然，以小草般的精神顽强而春风吹又生，以清泉般的心灵澄澈而洁净无争。左手美好，右手快乐。生命走过千山万水，于时光静好间，心，永远微笑向暖。于红尘中，就记住了一句话：让世界灿烂的不是阳光，而是你的微笑。心向阳光，柔韧绽放。

快乐的女人，也许她不是最出色的，但却是懂得生活真义的人。也许她不是漂亮的女人，但却是健康可爱的，更是幸福的。假如一个漂亮出色的女人不快乐，那么她的漂亮与才干又有什么意义呢？

快乐女人有着一颗平和的心。她们从不对生活不满，更不会在追求一些东西的过程之中而抛弃了快乐。

快乐女人的脸部呈现出来的表情是放松愉快的，她们的生活很有情趣，尽管平凡但却充满了甜蜜的味道。

快乐女人有着一颗爱人的心。与她接触的人不会感觉到沉重，相反，犹如春风拂面，给人带去一份轻松与惬意。

快乐女人，有着一种无形的力量，吸引着你走近她。她们热爱生活，知道如何能让生命更有意义地度过。

快乐女人有自己的理想。她们既不依靠别人，也不自怨自艾。她们会按照自己的既定目标一如既往地前行。

快乐女人很容易满足。她们心怀感激，为自己已拥有的一切感谢上苍。她们不盲目攀比，更不让自己变得愚蠢。她们也会与别人比较，但内容却是如何更快乐更充实。

快乐女人活在今天。她们只为今天做一些行之有效的事情，她们参加运动，爱惜自己的身体。她们要求上进，加强自身的修养，不断学习。她们珍惜时间，不把时间浪费在异想天开上。

快乐女人懂得自如切换自己的角色。即使自己在外面是个强硬的人，到家后她依然是那个小鸟依人、楚楚动人的小女人。

快乐女人能够放得下，十分大气。痛苦过后只是一笑置之，争吵过后能主动与对方握手言和，妒忌过后会虚心向别人学习。

快乐女人身上有着坚强与责任。她们有自己的人生信条，不会随波逐流，更不易被各种诱惑所吸引，遇到困难她们迎难而上，直至到达胜利的彼岸。

那么，怎样才能成为一个快乐的女人呢？

首先，你必须拥有快乐的思想。

一个拥有快乐思想的女人，才是一个懂得生活的女人，才是一个高情商的女人。若你终日想着那些不快乐的事，就只能沉湎在悲伤中痛苦不堪；若你终日想着那些不快乐的事，就只能沉湎在悲伤中痛苦不堪；若你总是想着那些自己害怕的事情，内心就会充满惊惧；若你总是担心自己会失败，其结果往往就是失败；若你常常自艾自怜，最后很有可能就会真的变成“可怜人”……相反，如果你所思所想都是快乐的事，往往就真的能够快乐幸福。

说到这里，有人会提出抗议：“说得那么简单！生活顺利的时候，想快乐的事自然没有问题，但是当你面对现实中各种各样的烦恼和问题时，还能一味地去快乐吗？”

我们提倡要拥有快乐的思想，对待生活中的种种问题要有正面的、积极的态度。拥有好的心境才能拥有好的人生，幸福是一种心理体验，幸福与否关键在于拥有怎样的心境，而外在条件并不能起决定性的作用。叶卡琳娜和海伦·凯勒的不同人生际遇就是对此最好的说明。

叶卡琳娜是18世纪的俄国女皇，荣耀、权力、财富这些他人穷其一生追求的东西她都已经拥有，按理来说她应该是很快乐的。但是她却说：“我这一生从来没有快乐过。”而海伦·凯勒出生于一个平凡的家庭，在很小的时候就因疾病而变得又瞎、又聋、又哑，面对这种完全没有希望的人生，海伦·凯勒却能拥有阳光般的心境，她自强不息，在老师的帮助下学会了英、法、德等5国语言，而且完成了多部流芳百世的著作，成为女作家、教育家、慈善家、社会活动家。她说："我发现生命是这样的美好。"

这就是能否拥有快乐思想的不同人生。想要拥有快乐的人生，先让自己拥有快乐的思想吧！

一位对生活极度厌倦的绝望少女，感觉到自己生活的环境糟透了：到处是垃圾和没有多少人烟的荒凉，周围的建筑工人也都没多少文化，晚上回来乱哄哄的。她每天的心情都很郁闷。她的邻居是个画家，每天去湖边作画。

画家似乎注意到了少女的存在和情绪，他依然专心致志地作着画。一会儿他说："姑娘，来看看画吧。"少女心想：住在那样糟糕的环境里，还有心情画出美丽的画？她走过去，满不在乎地看了一眼画家和画家手里的画。

少女被吸引了。她真没发现世界上还有这么美丽的画面——他将垃圾场画成了美丽的公园，将荒凉的荒山画成了依山而建的别墅。最妙的是，建筑工们手里拿着馒头，蹲在墙角，憨厚地笑着；湖边还有个雕塑，是那个建筑工人的孩子在妈妈的怀里微笑。良久，画家突然挥笔在这幅美丽的画上点了一些黑点，少女惊喜地说："啊，这星辰和花瓣！”

画家最后将这幅画命名为《生活》。少女感到心里像放下一块大石头一样轻松，心灵也随那袅袅婀娜的云升上天空……她问画家：“你是怎么画出来的？”

画家笑着说：“我每天只记住生活中美好的。你难道没发现身边的美丽？这里是即将建成的大型生态园。身边的建筑工人们今天填土，明天绿化，不就是美好生活的建设者吗？只要用心体会这些美好，生活就会充满希望和快乐。”

生活中的忧愁和快乐在于自己的选择，只在心里记住生活中美好的部分，日子就是温暖和快乐的，就会永远生活在春天里。即使有一万条苦闷的理由，也要有一颗快乐的心，接受事实、享受事实，同时善待自己、善待别人。

心｜灵｜寄｜语 —— HEARTWARMING

心向暖阳，丰盈自己的生命，沉淀一份欢喜。无论是凄美零落的秋天，还是寒凉的冬季，都依偎在一片暖阳中，把细碎的时光，慢慢的编织成唯美的文字，安暖温润匆匆的悲喜。

拥抱热情，用笑容面对生活

心理学家告诉我们：以为自己处于某种状态并相应为之，这种状态就会愈发明显。有些小孩本来不很难过，但一哭起来，却越哭越伤心，就是这个道理。当你认为自己很可怜，让痛苦爬满额际，你的生活就会真的很痛苦；如果你相信自己很快乐，并且快乐地去生活，那么你的生活就真的很快乐。快乐的源泉就在你心中，它取之不尽，用之不竭。

在心理学上，充满热情是一种非常健康的心态，容易培养一种积极的正面情绪。在这种心态下，人们往往充满信心和朝气，做起事来也更有劲头。美国心理学家、作家杜利奥说："没有什么比失去热情更使人觉得垂垂老矣。如果精神状态不佳，一切都将处于不佳状态。"

罗曼·罗兰说："一个人快乐与否，绝不依据获得了或是丧失了什么，而只能在于自身感觉怎样。"我们虽然无法改变境遇，却可以改变自己的内心。每个人心中或多或少都会有热忱，只不过那些快乐的人心中的热忱像火焰一样熊熊燃烧。热情的人对人生的投入程度远远高于冷漠的人，而投入人生是享受人生的前提。与热忱相反的是冷漠。冷漠的人几乎不关心任何事情，总是一副"事不关己，高高挂起"的样子。其实，冷漠并非人的天性，大多数冷漠的人都是在后天生活的环境中一点一点地耗尽了热忱，并最终把冷漠作为自己的人生哲学的。殊不知，这种人生哲学不仅不能为人生添彩，还会使人生失色。

小镇上有一个摆地摊的女人，她有一个瘫痪在床的婆婆、两个上学的孩子。照理说，这样的女人应该是很落魄的，可她却给人一副阳光自信的模样，活得从容而优雅。

女人头发很长，却梳理得纹丝不乱，还用发夹盘在头顶。女人身材颀长，她喜欢穿旗袍，虽然只是廉价的衣料，却显得款款有致。她笑意盈盈地守着地摊，热情地与过往的人打着招呼。这样的活力，让人没有办法拒绝，人们有事没事都爱到她的摊子前去转转，临走时也会买一两件小商品带走。

几年后，女人居然用积蓄买了一辆汽车。她把男人送去考了驾照，做了出租车司机，她则随着车子来回跑，热情地招徕顾客。湖蓝色的座垫、淡紫色的窗帘，车和她的人一样优雅，自然吸引了不少顾客。生意渐渐红火起来，不料丈夫意外地出了一起车祸，搭上一辆车和几十万元的债务，她的腿部也受了很重的伤，住了几个月的医院。

人们都以为，女人这下子倒下去是爬不起来了。可是半年后，她却在街头出现了，又做起了地摊生意，她照例盘发，穿旗袍，腿部虽落下小残疾，但并不妨碍她脸上挂着明亮的笑容，丈夫也经常过来帮她打点生意。

人们都很惊讶于女人居然能够始终如一地阳光着、自信着，怀着欣赏的心态照顾着自己的生意。过了两年，女人又攒够了一笔钱买了两辆车，一辆用来跑出租，一辆让丈夫跑长途，小日子过得红红火火、风风光光。

这个女人之所以能够过上好日子，与其说是取决于她的才能，不如说是取决于她身上所散发出来的热情。虽然几次遭到外来的打击，但她都不曾丢失自己的热情、自信，进而感染了周围的人。

生活往往不会发生太大变化，如果你认为发生了变化，有可能是你自己的心态变了。如果你始终热情高涨，那么，即使身处茫茫无边的沙漠，你也会以漫天黄沙为友；而倘若你缺乏热情，则沙漠中的绿洲也不足以让你欣喜。人生是幸福还是困厄，与降临的事情本身是苦是乐无关，而是取决于你对这些事的态度。

培养自己对生活的热情吧！热爱生活的人所流露出的自信会吸引更多的人，热情奔放的人不仅会让自身魅力四射，还能感染周围的人。每个人都愿意亲近热忱的人。热忱的人比那些冷漠的人又多了一份被朋友环绕的幸福感。

心|灵|寄|语 HEARTWARMING

生活就像一面平面镜，你以什么样的表情面对它，它就会回以你同样的表情。对它热情洋溢，你将受到热情礼遇，对它冷漠处之，你也将会被无情对待。

BOTT

打开封闭的心灵，走出孤独的世界

有人曾说：“把自己封闭起来，风雨是躲过去了，但阳光也照射不进来。”自我封闭的人把自己锁进了坟墓，而能成为掘墓人的，只有自己。打开心灵，才能容纳大海，告别自闭，才能沐浴阳光。

生活该是绚烂的万花筒，女人这一生，要有爱情、有友情、有事业、有爱好，多姿多彩，才能称得上精彩。

你的生命里有没有这样一个女子？

最黑暗的时候，她陪你一起等天亮；你哭得一塌糊涂时，她给你一张一张地递着纸巾；你可以跟她毫无顾忌地说话，想甜蜜就甜蜜，想闹脾气就闹脾气；你受委屈时，她会为你挺身而出；你人生中的大事小事，她都是在场的见证人。

你们不是亲人，她却记得你的生日、你的结婚纪念日、你孩子的生日；你们不是孪生姐妹，她却喜欢和你穿一样的衣服，看同一本书，说同样的话；你们不是每天见面，她却永远在你的微信里闪烁不停；你们没有事先商量，她却总能送你想要的东西，彼此间有一份无言的默契；她不是你，却好似世界上的另一个你。

她可能是你的故知，也可能是你的新交，但她们都有一个共同的称谓，叫闺蜜。

一个女人在心情日记里这样写道——

曾经，我的身边也有那么几个姑娘，我们一起上课，一起逛街，一起逃课，一起洗澡。跌跌撞撞、有喜有泪的日子，我们一起走过；密密麻麻的回忆里，全是她们的笑。后来，我们嫁人了，各奔东西，有了自己的家，自己的孩子，有了不同的烦恼。我们联系很少，却总是相互牵挂。也许相隔千里，也许各自忙碌，可内心深处依然给她们留着位置。想起我们一起度过的时光，总会嘴角上扬，内心温暖无比。

那天，《我们终将逝去的青春》上映了。我们相约，“一起”去看首映。是的，我们不在同一个城市，同一个角落，可我们却实实在在地感受了一把“海上生明月，天涯共此时”的意境。而后，某女在我们共同的群里写下了这样一段话：那些永远不再回来的岁月，叫做青春；那些永难忘怀的女人，叫做闺蜜。感谢生命中有你，我的闺蜜。

许茹芸说：“遇到了需要一种机缘，而成为朋友更是一种缘分，能够再进一步成为能一起分享生活细节的密友，更是需要深刻的缘分。我觉得闺蜜就像是《哈利·波特》的魔法师，随时会出现在你的身边。”

心理医生曾经说过，女性比男性更需要朋友，现在很多女性都注重打造多层次、立体化的闺蜜和良好的社交网络，不论婚前婚后，都享受着朋友圈带来的乐趣。不管是从小结识、共同长大也好，还是进入社会、志同道合者也罢，朋友都是一个女人成长的记忆和成就的见证。

很多女人都表示，朋友在自己的成长过程当中发挥着重要的作用。童年伙伴、同伴、同学，关系比较透明纯粹，在他们面前，自己不管是什么样的地位，都能够展示真实的自己。进入社会以后，人际关系复杂，由于职业化的关系，形成了职业闺蜜，可以是战友，可以是朋友，也可以是合作者。由于某种共同的爱好，走到一起的人，只谈爱好，不言其他，结伴学习、出行，让兴趣爱好有更广阔的空间来发展。尤其许多女人在婚后，柴米油盐让生活变得更加平淡，而那一个个闺蜜的存在，使女人真正地找回了自己，找到了自己准确的定位。

依然是一个工作狂，精力充沛，有好几份工作，白天在一家电视台上班，平时做广告代理、电台主持人，心情好的时候，还去做做群众演员。每天的工作都安排得满满的，但她的心却好像还是空的，好像少了孩提时代一起玩过家家的女伴，少了中学时代无话不谈，可以分享快乐痛苦的闺中密友。她有男朋友，但是没有女性知心朋友，心里不免有些失落。

后来依然在工作中认识了三位女性，她们有很多相同点：都在电视台工作，都不懂得浪漫，都是干起活来不要命的工作狂。一次，她们四个人一起出去吃饭，谈得很开心，便有了第二次聚会，第三次聚会……认识了她们之后，依然觉得自己大笑的次数越来越多，生活也过得越来越开心，郁闷的时候越来越少。

因为在一起很开心，四个女人决定每星期都聚会一次。从此，像依然这样工作忙碌的人，只好压缩其他的时间，甚至还减少与男朋友见面的时间和次数。虽然男朋友对此表示了不满，但依然还是坚持认为，她同样需要女人之间的友谊。

有了好朋友，依然的心情越来越好，做事的效率也比以前高了许多，她很快地成为了电视台市场部的主管。事业一帆风顺，感情也将开花结果，在她的婚礼上她的三个好朋友都是伴娘。依然从来不吝啬为友情付出时间，因为她知道，自己会找到另一番天地。

由于男女差异，爱情或家庭生活并不能满足女性所有的情感需求，同性朋友更能全面分享生活乐趣，让女人找寻到团队感、组织感，甚至归属感。不管是生活、工作的哪个层面、哪个角度，都有女人的精神支持，有女人的精神养分。女人如鲜花一般，只有精神世界的饱满，才能让花儿绽放，否则也只是一朵凋零之花。

女性的闺蜜可以多种，有的阵容庞大，有的小而精致，像泡吧、插花、购物、KTV、旅游、攀岩、摄影等，都可以形成这样或那样的闺蜜圈。兴趣、交际、打发时间和无聊，都成了形成各种闺蜜圈的理由，而这样的闺蜜，从传统进而延伸，很多是“为了兴趣而社交”，让女人的视野变得无限广阔，闺蜜的外延和内涵也无限扩大。

现在的社会变化速度真的让人难以想象，当然，体会最多的就是友情内涵的变迁。但人终究是群居动物，我们需要朋友，需要沟通，需要关心，需要安慰，特别是遭遇挫折和困难的时候。男人可以独自打拼，而女人的心理和生理的特征，要求有友情的滋润。她们和朋友一起逛街、做美容、谈心；郁闷时，来自同性的贴心劝导会显得更加温暖。所以，她们执著地寻找着，追求着，也成就了白领女性的“新闺蜜主义”。

女人的世界需要多姿多彩，女人需要各种各样的闺蜜，去成就生活，成就未来。“新闺蜜主义”，不失为现代女人的生活妙法。

心｜灵｜寄｜语 —— HEARTWARMING

我们需要感谢命运，为我们安排这么多，在我们生活中出现的每一个与我们彼此扶持，共同分享快乐与悲伤的闺蜜；更需要懂得珍惜，每一个真心对自己好的人，即使有一天道不同不相为谋，也应该记下她们对你曾经那么好过。

保持童心，让自己的心灵永远青春

在这个复杂喧闹的社会中，当我们看见孩子无忧无虑地欢笑、嬉戏，常发出还是做孩子好的感慨。其实，我们都当过快乐的孩童，只是长大了，会疏远或丢失一些孩子身上的金子：纯真、无邪、热情、知足、简单……

有位老师曾让一群少年、少女把自认为“最幸福的是什么”一一写下来。他们的回答令人觉得感动。这是少年们的回答：

“有一只雁子在飞，把头探入水中，而水是清澈的；因船身前行，而分拨开来的水流；跑得飞快的列车；吊起重物的工程起重机；小狗的眼睛……”

少女们的回答是：

“倒映在河上的街灯；从树叶间隙能够看得到红色的屋顶；烟囱中冉冉升起的烟；红色的天鹅绒；从云间透出光亮的月儿……”

这就是快乐的孩子，他们能处处发现美，发现快乐。真正的幸福是很简单的，它就存在于我们生活中的每一个细微之处。这些简单平凡的“小幸福”要有一颗纯真、质朴的童心才能够体会得到。

能够保有孩童之心的女人，可以称得上懂生活的艺术家。因为她们始终以一颗纯真的童心去面对自己的生活，让自己的精神永远保持青春，充满活力。

当女人有颗年轻的心，她就永远不会老。即使青春不再，容颜已老，步履蹒跚，而心依旧纯真，脸上的笑容依旧灿烂。保持一颗童心，女人就保持了一份对生活的热爱，对世事的达观。

聪明的女人就是在历经了生活的艰难困苦之后，拥有一颗纯真童心的女人。她们是真正意义上的贵族，她们知道“童心”是灵感的源泉，她们是你所接触过的最幸福、最有活力的女人。她们比普通人更知道怎样让自己内心的“孩子”出来亮相。早上醒来，她们能够傻傻地肆无忌惮地笑，就像回到了天真烂漫的孩童时代；她们能够完全地沉浸于自己的幻想，就像她们在孩提时代常常走神一样。她们清楚“真正的生活”不是整天工作和奔波，她们喜欢对生存保留一种孩子似的天真和好奇。

你可能会说：“我也时常想回到儿童时代无忧无虑的时光里去，但是我有需要照顾的父母、公婆，有嗷嗷待哺的孩子，有经济上的烦心事以及其他需要考虑的问题。生活的重担让我喘不过气来，我怎么还有心思早上起来轻松地进入笑和幻想的世界呢？”事实上，你自愿回到儿童般的状态中，像孩子一样去开怀大笑，像孩子一样热爱幻想，并不意味着你必须放弃当一个成年人。它仅仅意味着让你更自由自在一些，让你摘掉成年人的面具，发自内心地赞叹整个世界。去尽情享受当孩子的乐趣吧，孩子气就好像大热天里的清凉饮料一样让人心旷神怡。

有一个女人叫小晗，她在一家广告公司做平面设计，工作起来非常干练，充满幻想的创意也让她颇受老板的赏识，不过她认为这应该归功于自己的童心。是的，每个第一次走进她房间的人，都会不由得惊奇，肯定会以为走错了房间，还以为进入了小孩的卧室呢！屋子不大，没有床，在地板上铺的是整张软软的海绵垫子，小晗和她丈夫是以地为床的。垫子是海洋蓝的底色，上面的鱼、蟹、海星栩栩如生。每天早上一睁开眼，一定是幻想着来海洋旅行了。

孩童的笑和幻想是这个世界的原始本色，没有一点功利色彩，就像花儿的绽放、树枝的摇曳、风儿的低鸣、蟋蟀的轻唱。它们听凭内心的召唤，是本性使然，没有特别的理由。

童心是生产乐趣的工厂，治疗忧伤的灵药，流淌幸福的源泉，童心不老的奥妙在于拥有童趣的沃土。一切有生命力的东西，都是童心的驱使。保持一颗单纯而快乐的童心，是自我心理的需要，更是调节心理的良剂。

有一句西方谚语说："人类最好的品质都是在孩子身上。"在社会生活的纷纷扰扰中，在工作责任的重重压力下，拾起久违了的童心，你会发现那是多么的可贵。

童心是自然的天性，是毫无装饰的美丽。一颗童心就是一个绚烂多彩的世界。只有长大成人并保持童心的女人，才是真正美丽、真正幸福的女人！

世事沧桑，岁月多变，唯有一颗年轻的心依旧，这是对生活的热爱和对激情的不懈追求。我们不妨问问自己：不知不觉中，自己是否已被岁月磨损得失去激情，变得圆滑呢？是否变得笑容有分寸，做事八面玲珑，一板一眼很符合世人的标准呢？

生活总有很多不如意的事情，烦恼总伴随着成长而来；蓦然回首，历历在目的是往日深深浅浅慌乱的足迹。有的人可能因为忙于应付生活，忙于应付工作，忙于应付压力……而在生活中不知不觉地丢掉了童心。工作的压力替代了童年的幻想，繁琐的生活埋葬了女人的浪漫。曾几何时，“天真”与“无邪”离我们越来越远。

我们开始学会权衡，学会敷衍，甚至学会虚伪，并因此而背负了沉重的负担。我们忘记了四季的美丽；忘记了那些似水年华，我们离快乐和纯真越来越远。那么，我们在感觉到这些的时候，是不是应该寻找丢失的童心呢？

女人天真和纯洁的本性，本身就是童心的一种体现。它是这个世界原始的本色，没有一点儿功利色彩。就像花儿的绽放、树枝的摇曳、风儿的低鸣、夜晚虫声的轻唱。拥有一颗童心本身不会带给你功名利禄，但可以带来生命的快乐与安然。拥有童心的女人，更懂得感受生活和享受生活。

首先，拥有童心的女人纯洁、真挚、坦率、真诚，若秉持这样的生活态度，遇事就不会太过计较，生活就会容易许多。

我们常常说“要活得轻松”。如何才能活得轻松呢？拥有一颗童心，以孩子的眼光去看这个世界，多点儿单纯，少点儿世故；保有不灭的童心与童趣，我们可以活得更加简单、自然、舒畅。

其次，拥有童心的女人，不会把生活中简单的事情看得太过复杂，她们懂得如何去删繁就简，除掉那些恼人的枝蔓，把一些纠缠不休的事梳理得很单纯。面对生活中的恩怨，拥有童心的女人能够展示笑容，一笑之间化干戈为玉帛。面对人生的功利，拥有童心的女人能够返璞归真，懂得什么应该取，什么应该舍，知道什么才是自己真正的需要。面对平凡而琐碎的日常生活，拥有童心的女人能够享受平凡的浪漫与天伦之乐，活得其乐无穷。

都说岁月催人老，然而聪明的女人都知道，岁月催老的是容颜，却催不老童心。当你真正拥有童心的时候，你会充满信心，充满快乐。你会发现天原来是那么蓝，水是那么清澈，一切原来如此美好。人的衰老不是因为时光的流逝，而是随着心态的衰老才出现了老人。如果女人永远保持一种年轻的心态，捕捉人生中乐观向上的精神乐趣，女人便能拥有 80 岁的青春。

女人在本质上就是一个孩子，能够活得像孩子一样无忧无虑，是女人一生中最大的幸福。因为拥有童心，会使女人变得更加年轻可爱。而那些失去童心的女人，失去的不仅仅是青春，还会是整个鲜活的人生。

岁月可以夺走娇嫩的容颜，却夺不走女人年轻的心。女人需要在心中架起接收青春信号的天线，让自己永远保持在富有活力和创造力的最佳状态。任世事沧桑、岁月变迁，即使到了白发苍苍的时候，我们依然应有一颗童心，一种对生活的热爱和激情。

心｜灵｜寄｜语 —— HEARTWARMING

童心如花，童心璀璨。莫让失落的童心一度搁置，在这个纷繁复杂的世界中，把心深深地根植在童趣的沃土里，生活便不会如此沉重，你会拥有最开心的笑容！

走出抑郁，让心灵沐浴阳光

生活在美国俄勒冈州波特南的伊丽莎·康娜莉，曾经长时间沉溺于苦恼之中，她是如何走出抑郁的呢？下面是她讲述的自己的经历：

“在美国欢庆陆军在北非获得胜利的同一天，我接到国防部发来的一封电报，说我最爱的侄儿在战场上失踪了。不久，又来了一封证实他已经牺牲的电报。

“这个消息使我悲伤到了极点。在此之前，我一直觉得命运对我如此优待，我有一份理想的工作，凭着自己的努力养育了这个可爱的侄儿。在我看来，他集中了年轻人所应有的优点。我觉得自己的努力得到了最好的回报……然而，却收到了这样的电报，我万念俱灰，感到再也没有值得活下去的理由。于是，我开始漠视自己的工作，漠视朋友，我对一切都失去了兴趣。

“然而，就在我万念俱灰，准备辞职的时候，突然看到了一封我以前忘记看的信——那是我已经死去的侄儿寄来的信。那是在我母亲去世的时候，他给我写来的一封信。‘当然我们都会想念她的，’那封信上说，‘特别是你，不过我知道你会挺过去的，以你个人对生命的理解，对人生的看法，你肯定会挺过这一关的。我永远也不会忘记你教我的那些美丽的真理：不论活在哪里，不论我们距离有多远，我永远都会记得你教我的要笑对生活，要像一个男子汉一样承受所发生的一切’。

“我反复读着那封信，恍惚中觉得他就在我的身边，好像在对我说：‘你为什么不照你教给我的办法去做呢？挺下去，不管发生什么事情，把你个人的悲伤藏在微笑底下，好好活下去，一切都会好起来的。’

“于是，我又开始工作，再也不对人冷漠无礼了。我一遍又一遍告诉自己：‘事情已经到了这个地步，我没有能力去改变，不过，我能够像他所希望的那样继续活下去。’我把所有的思想和精力都用在工作上，我写信给前方的士兵——给别人的儿子。晚上，我参加成人教育班——要找出新的兴趣，结交新的朋友。我几乎不敢相信发生在我身上的种种变化。我不再为过去的那些事悲伤，现在我每天的生活都充满了快乐——就像侄儿希望我做的那样。”

伊丽莎白·康娜莉终于学会了接受和适应那些已经无法改变的变故，从抑郁中解脱了出来。

抑郁是一种让人感到无力应付外界压力而产生的消极心态，常常伴有厌恶、痛苦、羞愧、自卑等情绪。它不分性别、年龄，对大多数人来说，抑郁只是偶尔出现，而且很快就会消失。但对有些人来说，则会经常地、迅速地陷入抑郁状态而不能自拔。如果抑郁一直持续下去，会愈来愈严重，以致无法过正常的生活，就会变成抑郁症。

人们常把抑郁的原因归咎于社会压力的增大、工作节奏的加快和人际关系的紧张等。但事实上，生活事件并不是单一的决定因素，因为同处一种社会压力下，工作节奏相同，人际关系紧张，却不是所有的人都出现抑郁。一个人是否抑郁，并不取决于生活中的不愉快之事，而是取决于能否用阳光的心态来面对。

金莎太太一直是个多愁善感、忧思过重的人，她心中的忧虑感让她觉得自己似乎很不幸，生活里尽是麻烦。1943年这一年，她的生活中也的确遭遇了不少变故，似乎世界上一切的烦恼都落在了她的身上。其实，不只是金莎太太，换作任何女人，遇到下面这几件事，也会觉得不知所措：

1. 金莎太太的培训学校在生源方面遇到了问题，她担心学校可能会因此而停办。那一年，不少男孩子都报名参军了，不少女孩子也去了军工厂上班。

2. 金莎太太的小儿子正在服兵役，生死未卜。

3. 金莎太太所住的房子，正好处在当时政府要用来建造机场的地段上。当时，房子非常匮乏，自己的房子被征用后，她还不知道可以在哪儿买到新房，很有可能要过着居无定所的日子。

4. 金莎太太家的井水已经干涸，再挖一口新井显然是不可能的，毕竟这里很快就要被政府征收。她每天不得不跑到很远的地方打水，她担心在战争结束之前，恐怕都要这样做。

5. 金莎太太的女儿今年就要高中毕业了，她想考大学，可金莎太太把所有的积蓄都投到了培训学校中，根本没钱给她交学费。她不知道，女儿听闻这个消息后会作何感想。

这些事每天困扰着金莎太太，她觉得自己像被什么东西缠绕住了一样，痛苦不堪。她几乎无时无刻不在琢磨着这些问题，可怎么也想不出一个好的解决方法。她甚至把这些问题写在一张纸上，而后贴在自己的办公室墙上，每天都要看几遍。结果，这样做除了让金莎太太更加烦恼之外，没有一点积极的作用。慢慢地，金莎太太自己仿佛也把墙上贴的这些纸条当作是一种“装饰”，把它们全都淡忘了。

几年之后，当她在收拾办公室的时候，忽然看到了那张五大烦恼的纸条。具有戏剧性的是，这个时候的金莎太太，早已经不被这些问题所困扰了。

1. 就在金莎太太的培训学校快要维持不下去的时候，政府要求她代训退伍军人，并开始为她拨款。如此一来，培训学校再也不用发愁生源了。

2. 战争持续的时间不长，很快就结束了。金莎太太的儿子安全返回，安然无恙。

3. 一年后，政府决定不再征收这块地，金莎太太不用担心房子的问题，而且只花了一点钱就挖了一口新的水井。

4. 金莎太太的培训学校顺利地渡过危机，很快就盈利了，女儿的学费也有了着落。

这时候的金莎太太恍然大悟：自己从前所担心的那些事，绝大部分都是不会发生的。自己总是被这些事情弄得心情郁闷，纯粹就是在自寻烦恼，现在想想不免觉得有些可笑。自那以后，每当有烦心事的时候，金莎太太都会想尽一切办法把那些事情忘光。

心理学家研究证明，人们忧虑的事情中，有90%以上都不可能发生，很多时候完全是庸人自扰。生命似一朵朵小花，灿烂与否，在于我们今天是否努力破土发芽。我们要做的，就是好好活在当下，踏踏实实活在现在，不要为了那些没有发生的事烦恼。

一般来说，烦恼是对未来出路的担心，是对现实处境的不堪忍受。作为一种主观形成的情绪，烦恼在很大程度上是自己思想不够开阔造成的。

烦恼作为一种不良情绪，它会严重地影响人的身心健康。烦恼还会影响人的智力和能力的发展。长期陷入精神烦恼的人，思维不敏捷，常常呆头呆脑、郁郁寡欢、表情阴沉冷漠。这样的人很多工作都不能做。如搞外交、交际等工作就不行，而且如果长期烦恼，还会产生变态心理，会觉得世界上一切都是冷酷的，因而对别人也必然报以冷漠态度，这必然也影响了与他人的正常交往。

既然烦恼是一种不良的情绪，我们就应该努力摆脱它，让自己轻轻松松地生活、快快乐乐地享受。

要摆脱烦恼，提高修养水平是至关重要的。同一件事，对不同的人来说反映是不同的。有的人认为是十分烦恼的事，在另一些人看来，认为没什么了不起。原因何在？人的心胸宽窄不同，人的修养水平不同。凡是能在别人认为很恶劣的环境、事物面前从容不迫、坦然应之的人，都是值得我们学习的榜样。

生活中难免有烦恼，但是，只要你把对烦恼的毫无意义的消耗转移到有意义的实干上来，你就好像在一步一步地登上泰山极顶，在云消雾散的晴空万里的早晨看到无比瑰丽壮观的一轮朝日。

生活中，为了满足各种欲望，我们整日劳苦奔波，身不得闲，进而欲念膨胀，被杂念纠缠，故亦不得闲，烦恼便由此而生。所以说，烦恼皆由心生。

在生活中，我们的很多烦恼都是自找的，我们捆住了自己。仔细想想的确有点好笑，自寻烦恼只有百害而无一利，再怎么样的忧虑都无法解决任何问题．只会让自己心情不好，想法更消极而已。可是为什么许多人仍然会不经意地自寻烦恼，这主要是性格使然，也同外界因素的影响有关。

每当我们自寻烦恼之际，身边的人大都会劝导说："不要自寻苦恼，开朗一点，开心一点。"但消极情绪还是会不自觉地涌起。烦恼的想法一经出现，我们便不由自主地陷入到更多的纠葛中，搞得整个人心神不宁。

可是，你应该了解，明天的忧虑自待明天解决，此刻又何必烦恼，浪费精力。或许睡一觉之后，一切烦恼都烟消云散了，毕竟明天又是新的一天。

如果你是一个自寻烦恼的人，就表明你的内敛工夫做得不够，不懂得运用内在的特质化解内在的烦恼。建议你不妨从改变自己的内心做起，也就是说，内心一直都保持着明朗、愉快、积极的状态，不要再患得患失，掂量来掂量去，过于瞻前顾后，要无畏无惧地活下去。无论发生任何事，都要想得开，凡事往前看，向新的人生挑战。

做到以上几个方面，女人注定与“都市郁女”无缘，她们用灿烂的笑容告诉世界：拥有一颗开朗的心，比什么都重要。

心｜灵｜寄｜语 HEARTWARMING

我们要想拥有好心情，就得从原有的坏心情中走出来，从烦恼的死胡同中走出来。请注意，当你放下心情的包袱时，要好好审视清楚，看看哪些是事实，把它留下来，设法解决。哪些是垃圾，是给自己制造困扰的想法，要狠下心来，把它抛开，只有这样才能应付自如，带来好心情和清醒的头脑。因此，人人都应该学会放下，学会割舍。

快乐起来，这是女人对自己最好的善待

医院的走廊里，来来回回的身影不断，每个人都各怀心事，楼道里喧闹而压抑。

身患尿毒症的她，上个月与丈夫离婚了，她的心像刀绞一样疼痛，可她实在不想让丈夫为她受累一辈子。从患病到现在，她再没有笑过，心里无数次地问上天：我只有二十九岁，我还这么年轻，我本来有美好的生活，为什么要让我得这样的病？

那天，她躺在床上做透析，身边的一位阿姨也患了同样的病，在女儿的陪同下做着透析。那位阿姨始终笑着，脸上看不出任何难过，她的女儿更是一副欢快的样子，眉飞色舞地跟她说着自己的工作，今天遇到了什么人，发生了什么事，欢声笑语让整个病房多了一丝轻快。

她很羡慕那位阿姨的女儿，年纪与她相仿，可人家却享受着生活。她越是这样想，内心对命运的怨恨与不满就越多。“如果不是得了这个病，现在的我，应该和她一样，每天和爱人、孩子在一起，照顾父母，过着充满希望的日子。现在，疾病抽干了所有的快乐，一颗年轻的心变得老态龙钟，再也摇摆不起幸福的枝叶。”她扭过头，流下来几滴泪。

每次透析大概要持续四个小时。临近晚饭时间，阿姨的女儿要回家给丈夫、孩子做饭，晚点再来接阿姨回家。病房里的其他病人都做完透析陆续离开，暂无别人进来，只剩下她和阿姨。

她轻轻地说了一句："阿姨，有这样一个女儿您真幸福。"

阿姨笑着说："是啊，我就这么一个女儿，从小就懂事的。"

"我真羡慕她，能照顾爱人和孩子，还能多陪陪母亲。因为这病，我自己的家散了，还让父母跟着操心。有时候，我真的不想治了。"她说出了憋闷已久却无处倾诉的心声。

"姑娘，别这么想。人活一辈子，谁没个病和灾的。得这个病是不幸，可世间不幸的人太多了。现在的医疗水平不错，还可以做透析维系生命，和以前的人相比，这也是幸运了，你说是不是？"阿姨面向着她，说了一番宽心的话。

"唉，我还是羡慕那些健康的人，我若像您的女儿那样，我父母也就不至于像现在这样了。我感觉，他们这段日子老了很多。"她的声音哽咽了。

"命运对谁都差不多。就拿我女儿来说，你看她笑语欢颜的，可她也是一个有缺陷的孩子，只是这件事，我们从来不提。她的左眼几乎没什么视力，从小就这样，生活、工作全靠一只右眼。小时候她就知道自己跟别人不一样，但我告诉她要快乐地生活，还让她去学了大提琴。她说，如果有一天，她什么都看不见了，她就拉琴！每天听到自己拉出的美妙音乐，也是一件幸福的事。"说起说起女儿的不幸时，阿姨显得很平静。

她的心骤然抖了一下，先是意外，后是震惊，再后来，竟然渐渐平息了。原来，每个人的快乐与痛苦都差不多，只是有人愿意捧着快乐，有人愿意紧抓着痛苦。既然苦与乐始终并存，何不让心灵快乐一点呢？也许，这才是对自己最好的善待。

生活原本平淡如水，偶尔会荡起涟漪。快乐的女人，无非是在如水的时光里加一点糖，在荡起涟漪时平复自己的心。想要把生活调制成什么味道，全在于自己。

如果我们没有任何的快乐，生命里就没有阳光。可是，到哪儿去寻找快乐呢？

记住，不要向外去寻找，不要等待谁给予。快乐源自心灵，不可以从外界借来，也不可以有丝毫的勉强。快乐要从内心去寻找、去挖掘。只要你愿意，你可以随时操纵心灵的遥控器，把它调整到快乐的频道。

周末的清晨，允许自己睡个懒觉。你可以暂时抛开那些琐碎的家务事，好好享受一个慵懒的休息日。不要自责，你有权利享受生活，有权利让自己放松，让自己快乐，若有谁嘲笑你慵懒，你大可心安理得地告诉他：“工作那么累，挥霍一下休息的时光，有什么大不了的！”

温暖的午后，找一间优雅的咖啡馆，带一本近期最想看的书，选一个靠窗的位置，点一杯咖啡，一边喝一边读……这样的画面很熟悉对不对？没错，杂志上、电影里经常出现这样的“小资”镜头。这不是做作，体验一下存在于故事里的浪漫，也能让人收获意想不到的快乐。

晚上的时光，看一场轻松的喜剧电影，和挚爱谈谈心，美美地做一个面膜，练上一段瑜伽，都是修身养性的好方法。做这些事时，你会感到快乐，不需要谁来帮忙，自娱自乐。

闲暇的时候，拍下一些身边的人和事，养成将随时可能被遗忘的片段记录起来的习惯。而后，当你不定期整理这些照片时，你会发现生活的细节也是美好的回忆，心灵就会跟着快乐起来。

心｜灵｜寄｜语 —— HEARTWARMING

世上没有不快乐的生活，只有不肯快乐的心。少一点悲观和绝望，遇到变故的时候，化悲痛为力量，感受自然规律不违，顺其自然则是幸福的真谛；失去某样东西的时候，坦然地接受，珍惜手里还拥有的；努力追求而又得不到的时候，减少一点内心的欲望。当我们能够很自然地把这一切变作习惯的时候，就会发现，生活其实赋予我们的一切都是最好的安排。

第三章
Chapter Three

感受幸福

用心守候，幸福一直都在

一个幸福的女人，她从不把自己与悲剧联系在一起，她会用心地去品味生活中的点点滴滴，苦辣酸甜。她坚信，只要从容地活着，把握阳光般的好心态，就能够拥有幸福的生活，也能够活出人生的真谛。

静心感受，其实你真的很幸福

生活如人饮水，幸福更是冷暖自知。你若有了感知幸福的能力，把那些细小的幸福掰开揉碎，和着白开水咽下，也是生命里的一剂养料。不要对境遇不满，不要厌倦平淡的日子。要知道，幸福不是那些小事扼杀的，而是被一颗不懂生活的心埋没的。

她刚把菜放进锅里，手机铃声就响了，是丈夫打来的。

“你睡了吗？”丈夫问。

“还没有，我在给你热菜。”

“歇会儿吧。今天晚上，我带你出去吃。”

“这么晚了，去哪儿吃呀？”

“你别管了。穿好衣服下楼，我等你。”

说完他就挂断了电话，她只好穿上衣服出门。刚下了一层楼，就听见男人有意的轻咳，是他的声音。原来，他是担心她害怕，特意上来接她。走出楼道，蓝黄相间的出租车就停在门口。

她突然说了一句：“你又忘了锁车了？”

男人笑着说：“唉，瞧我这记性，尽想着上楼接你了。我平时可不这样。”

女人叹了口气，又摇了摇头，说道："你呀……都这么晚了，咱们去哪儿吃饭啊？在家吃点就行了！这样能多攒点钱，你以后也能不这么拼命了。"

"咱们就简单吃点。以后，我要是回来得晚，你就先睡，别跟着我熬夜，你白天还上班呢！"说这句话时，他打开了车里的暖风，朝她的方向吹。

街上车不多，行人更是少。"这会儿真冷清，估计人都睡了。晚上开车你可千万别出城，给多少钱咱都不去。"她看着寂静的大街，一股心疼涌了上来。

车子开进了一个窄街，又穿过两条小巷，停在一家面馆门口。他们下了车，从门前停得乱七八糟的出租车间的缝隙穿过。她很惊讶，问道："这么多司机都来这儿吃面？"

"是啊，这里的牛肉拉面好吃，还便宜。"他要了两碗拉面，一盘拍黄瓜，一盘牛腱子肉，一瓶啤酒和绿茶。

"你可不能喝酒，还得开车呢！把啤酒退了吧？"她的语气略带焦急。他没解释，只是把她面前的杯子用纸巾擦了一遍。酒水端来，他把啤酒放在女人面前，说："这酒，是给你的！"

"给我的？我可不好意思在这里喝酒。你瞅瞅，旁边坐的都是大老爷们，就我一个女的。"

"怕什么呀？"他打开了啤酒，给她倒上。

拉面送来了，热腾腾的，香味扑鼻。她赞叹："好香啊！闻起来味道不错。”

“嗯，这是秘制老汤煮的，我找了好久才找到这家。快尝尝吧。”

她挑着吃了汤料里的牛肉，又吃了一口面，点点头说：“真不错，有我们家乡牛肉面的味儿。”他似乎一直在等这句话。她刚一说完，他就轻松地靠在椅背上，畅快地吐了口气。女人催着他赶紧吃，他应和着，却不动筷子，一直看手机上的时间。

她刚要开口问，他却激动地站起来，大声说：“各位兄弟，现在是12号的午夜11:59分，再过一分钟就是13号。13号是我媳妇三十岁的生日。广播里说，女人都特看重三十岁生日，我是个的哥，上有老下有小，不敢搞得太大，就想带着我媳妇吃一碗有她家乡味的面，第一时间祝她生日快乐。”说完，他深情地看着她，一口喝掉了杯中的饮料。

面馆里的人先是好奇，后又使劲鼓掌，友好地看着这对夫妻。她的脸红了，一杯酒下去身子也飘成了云。这时，一位五十岁左右的大哥端着茶杯过来对她说：“妹子，生日快乐。”随后，的哥们全来祝贺了，有的拿着保温杯，有的拿着矿泉水，就连老板也来祝贺，说她的这顿饭免费了。

车里，他轻声问：“高兴吗？”“嗯。”她轻声应。他一边开车一边唱着“生日快乐”。她在旁边嘴角轻扬，心生欢喜，素日里的压力和疲惫都没了。此刻，她觉得自己那么幸福。

幸福，不是长生不老，不是大鱼大肉，亦不是权倾朝野。幸福只是一个个美好片段的串联。当你想吃的时候有的吃，想被爱的时候有人来爱你。

曾听过一句话：生活在一个和平与民主的国度，没有战争，没有饥饿，是大幸福；享受美食，恋爱，安心地过日子，记下感动的瞬间等小乐趣，是小幸福。我们不是不幸福，只是我们忘记了细数幸福。其实，有许多细微的幸福，就躲藏在不起眼的角落里，只是上面覆盖着太多杂乱的东西，被我们忽略了。只要轻轻拂去灰尘，搬开那些杂物，幸福便会初露端倪。

幸福并不遥远，就在一草一木、一粥一饭、一颦一笑之间。只要静下心来感受，其实幸福无处不在。H就是这样一位领悟了幸福真谛的女人。

下雨的日子，车厢里的人阴沉着脸，对湿漉漉脏兮兮的环境充满厌恶。H注视着车窗外那对顺着电车道一路走一路说话的情侣，他们同撑一把伞，男孩刻意把伞往女孩那边挪了挪，雨水打湿他半个肩膀，他却浑然不觉。见到这一幕，她仿佛回到了校园时代。若不是这场雨，渐渐麻木迟钝的心，如何能留意到这一幕温情的画面？谁说人生非要急匆匆地赶路，谁说幸福非要有座驾代步，留一颗阳光的心，总能和幸福不期而遇。

在家里收拾旧物时，她发现一只旧纸盒，里面放着她年少时用过的东西。有一朵风干的蔷薇花，有一本鹅黄色的日记本，上面一行行稚嫩的笔迹，诉说着唯有那个时期才有的心情。还有几封手写的信，做过的手工，和折星星用的纸条。眨眼间，二十几年过去了，这些不起眼的小东西，随便拿出一件，都记载着一段故事，一份心情。她整理干净，悉心地保存好，这都是她的微幸福。她想知道，再过五年、十年、二十年，待自己双鬓斑白时，再看到这些物件，会是怎样的心情。

平常的日子里，把收到的那些祝福短信、感动话语抄写在自己最喜欢的本子上。难过的时候，拿出来看看，想想那些爱自己的人；无助的时候，拿出来看看，想想那些鼓励过自己的话。也许知心的朋友不在身边，可那份纯纯的关爱，却值得一辈子珍藏。毕竟，这也是人生可遇不可求的幸福。

她的小幸福还有很多，做一桌可口的饭菜，与孩子嬉笑打闹，与爱人共享电影；看看阳台上盛开的花，看看黄昏的落日，泡一杯清茶，听时钟滴答的声音，想想自己有家、有工作，想想家人健康平安，幸福的感觉便填满了心房。

真希望，世间所有女子都能如 H 那般有一份感知幸福的能力，从微小的地方，短暂的瞬间，感受到生命的美妙。若真能如此，你便会发现，幸福其实一点也不昂贵。

心｜灵｜寄｜语 —— HEARTWARMING

我们一直在拼命追求幸福，却不知道丧失了感知幸福的能力。静下心来去感知幸福吧！你会发现，幸福其实一直都在你身边。

慢下来，享受已经拥有的幸福

释迦牟尼在没有成佛之前，经历过很多次的磨炼和苦修，从中领悟了许多人生的智慧和真谛。

有一天，释迦牟尼要进行一次长途的跋涉，他因为急于到达目的地，便无视于路程的遥远艰苦，只是努力地赶路。长途漫漫，释迦牟尼精疲力竭，终于，眼看就要到达自己想去的地方了，释迦牟尼松了口气。就在他心情放轻松的同时，他感觉到自己的脚下有一颗小石子磨得脚很不舒服。那颗石子很小，小到让人根本不觉得它的存在。

其实，在释迦牟尼刚开始赶路不久时，他就已经清楚地感觉到那颗小石子在鞋子里，不断地刺痛着脚底，让他觉得不舒服。

然而，释迦牟尼一心忙着赶路，也不想浪费时间脱下鞋子，索性便把那颗小石子当做是一种修行，不去理会。

直到这时，他才停下急切的脚步，心想着：既然目的地已经快要抵达了，而又还有一些余暇，干脆就在山路上把鞋子脱下来，把脚下的小石子从鞋子里倒出来，让自己轻松一下吧！

就在释迦牟尼低头弯腰准备脱鞋的时候，他的眼睛不自觉地瞄向沿路的水光山色，竟然发现它是如此的美丽。当下，他领悟了一个重要的道理：自己这一路走来，如此匆忙，心思意念竟然只专注在目的地上，甚至完全没有发现四周景色的优美。

释迦牟尼把鞋子脱下，然后将那颗小石子拿在手中，不禁赞叹着说："小石头啊！真想不到，这一路走来，你不断地刺痛我的脚掌心，原来是要提醒我，慢点儿走，注意生命中的一切美好事物啊！"

人生很多时候就像戏剧，很滑稽，我们不知疲惫地追逐着，最终发现，在匆忙赶路的时候，却失去了沿途最美的风景。

有位漂亮的年轻女人匆匆忙忙寻找着什么。路旁的人问她："你在找什么？"她回答说："幸福。"说完就匆匆忙忙走了。然后，从青年到中年，再到老年，这个女人还在匆匆忙忙寻找着，屡次碰到同样的人问同样的问题，她的回答都是一样："幸福。"最后，漂亮的年轻女子变成了满脸皱纹的老太太，步履蹒跚。她又碰到了路旁的那个人，那人仍然问她："你在找什么？""幸福。"不变的回答。"你等一下，"路旁的人说，老妇人迟疑地停了一下。"你要找的就是我。可我每次问你，你都太匆忙，不能停下来听我说……"

幸福就在路上，可惜那位漂亮的年轻女人太过注重目标，忽略了过程中的风景，在时间的流逝中依然碌碌无为，丧失了自己的青春与快乐。我们又何尝不是，总是忙忙碌碌地追求某个目标，忽视过程中的风景，更不用说享受过程了。

其实，困扰来自我们的内心。过分注重结果，会使过程变得空洞乏味，而结果也未必就能如你所愿。因此，我们要追求幸福，就应该懂得享受过程而不是过分注重结果。

在生活的过程中懂得享受是明智的。虽然在过程中要付出汗水与心血，但它是充实的，心情自从始至终都处在舒畅、欢快之中，每一次过程的享受都是无数次结果的组合，从而不受太多等待的煎熬。你也会觉得分分秒秒都很踏实、真实，毕竟时间是有限的，浪费掉的永远也争不回来。受益永远在于过程而非结果，要知道哪怕是荒漠也是一道风景，给人一种另外的欣赏视野。如果只是盲目地追寻前面的青山绿水，置荒漠于不顾，将永远也看不到荒漠别样的景色，这是人生的单程性使然。

我们要学会享受，学会既享受结果也享受过程，才对得起自己，不辜负生活对自己的每一份馈赠。

张英喜欢享受生活，或沐浴在阳光下，接受太阳的爱抚；或边听流行音乐边在书海中遨游；或在QQ上与网友痛痛快快地聊天；或拉着一两个朋友在大街上搜索自己喜欢的东西，然后毫不犹豫地掏腰包。

生活并没有给张英额外的照顾，张英之所以这么快乐，是因为她会享受生活。她能品出咖啡的香醇而不是它的苦涩；她能尝出葡萄的甘甜而不是它的酸涩；她能闻出玫瑰醉人的芳香而不是看到它全身的尖刺；她享受生活带给自己的礼物而不是它送给自己的坎坷。

其实，每个人在生活中都有自己的不快乐，比如：会为成绩下降而愁容满面，会为与父母发生争执而落泪，会被繁重的事业压得仿佛失去自我。然而我们需要明白的是，生活的压力往往是自己给自己的，烦恼并不能解决任何问题，应试着去享受生活。

其实，张英原来也不懂得享受生活，庆幸的是有一天她猛然发现自己好可怜，生活了二十几年，却不知道要享受生活，于是她抛开林黛玉式的多愁善感，迎来史湘云式的豪迈大度，她大声地笑，大口地吃，以自己喜欢的方式享受生活。

请享受生活！抛开烦恼，静静地独自欣赏一段妙语连珠的文字，品味文字中蕴含的真理；找个星期天，和朋友一起去爬山，去郊游，尽情地叫，尽情地跳，让积存了一星期的压力随着喊声扩散，消失。

享受生活不需要万贯家产，享受生活不需要高的学历，享受生活不需要寻找特殊的日子，因为对懂得享受生活的人来说，每一天都是特殊的。请享受生活，忘记一切烦恼，只记住快乐！

不懂得享受的人，纵然活上千万年，人生也会平平淡淡；懂得享受的人，纵然只活一天，也会过得多姿多彩。

一个人，不应被生活享受，而要学会享受生活，会享受生活的人才会创造出丰富多彩的生活。

女人，要学会在享受中成长！

心灵寄语 HEARTWARMING

充分享受生活，就要放慢脚步让，自己停留在一个没有过去，也没有未来，只有现在的地方。当生活在欲求永无止境的状态时，我们永远都无法体会生活之美；然而当你停止疲于奔命时，你会发现生命中未被发掘出来的美。幸福，就在你放慢步伐时降临。

活出自我，才是幸福的意义

生活如人饮水，终究是自己的一种感受。你若喜欢，就努力追寻；你若开心，就别管他人的目光。始终记得，你是活给自己看的。不必为了生活讨好谁，不必为了羡慕而成为谁，你就是你，独一无二，做最真实而珍贵的自己，就是最美的女人。

有这样一个真实的故事：

有家影视公司的老板看中一位身着廉价衣服、不施脂粉的女孩，这位女孩来自美国洛杉矶的一个蓝领家庭。她从没看过时尚杂志，也没化过妆，要与她谈论衣着品位等话题，简直是对牛弹琴。其实这些都不算什么，她最与众不同的地方是她左脸颊处有一块黑色胎记。可公司的老板偏偏要与这个带着乡村气息的女孩签约，希望能把她包装成一名模特。

然而，即便老板一次次向商家推荐女孩，但每次都碰壁而归，有的商家说她不够高贵，有的说她气质不佳，有的说她不符合产品定位……其实真正的原因就是她脸颊的黑色胎记。老板仍不放弃，他要把女孩及胎记一并销售出去。他给女生做了一张合成照片，小心翼翼地把那块胎记隐藏在阴影里，然后拿着这张照片给经纪公司看，对方果然满意，马上要见本人。结果女孩一来，对方发现“货不对版”，便当即指着女孩的胎记说：“你把这块胎记弄掉再来吧！”

其实这块胎记可以通过一个小手术解决掉，无痛且省时，女孩却不同意，她反问对方：“你在说什么？我为什么要弄掉？”对于女孩的坚持，老板也很赞同，他坚定地对女孩说：“你千万不能去掉这块胎记，以后你出了名，全世界就靠这块胎记来记住你。”果然，两年后，这个女孩在美国模特界已小有名气，走秀邀请、广告合同都纷至沓来。她的黑色胎记也被大家视为个性的象征。

曾有记者让女孩讲述自己的星路历程，女孩说了这样一段话：“我很庆幸自己遇上一位慧眼识珠的老板，不然今天顶多也就是一个庸俗的美人，拍几次廉价的广告，而后淹没在繁花似锦的美女阵营里面，难有出头之日。”女孩的成功在于她始终坚持真我，没有随波逐流，没有任人摆布。可见，她深知套用、效仿一个不适合自己的模式难以获取成功，同时也难以让自己的心灵得到解放和慰藉。

要活得像自己。如果一个人活着却忘了本，那么他不过是一副丢了灵魂的躯壳。在这个世界上，没有原则，没有追求，没有立场，甚至连最基本的性格都没有的人，只能沦为受人摆布的傀儡。可以说，人只有保持自我本色，坚持真我个性，并在顺其自然中充分发展自己才是最明智的选择。

读过一首这样的诗：

如果你不能成为山顶上的高松，
那就当棵山谷里的小树吧——
但要当棵溪边最好的小树。
如果你不能成为一棵大树，
那就当丛小灌木；
如果你不能成为一丛小灌木，
那就当一片小草地。
如果你不能是一只麝香鹿，
那就当尾小鲈鱼——
但要当湖里最活泼的小鲈鱼。
我们不能全是船长，必须有人也当水手。
这里有许多事让我们去做，有大事，有小事，
但最重要的是我们身旁的事。
如果你不能成为大道，
那就当一条小路；
如果你不能成为太阳，
那就当一颗星星。
决定成败的不是你尺寸的大小——
而在做一个最好的你！

对！女人最重要的就是要做自己。你可能成为不了英格丽·褒曼，也成为不

Design

了林徽因，那就坚定地去做自己，去主宰自己的人生。

见过太多心思敏感的女人，别人无意间的一句话，无意间的一个眼神，无意间的一个动作，都会让她的心荡起涟漪，久久不能平静。更有心思过重的女人，别人稍有不满的言辞，就让她在心里结了疙瘩，怎么也解不开，非要找个什么途径，证实自己不是别人所想的那样，才会觉得舒服一点。

其实，大可不必这样。你的价值，不能由他人来评定和证实，不管在什么环境下，你坚信自己是对的、好的，那就行了。因为，无论别人怎样说，你依然还得做自己，不是吗？生活是自己的，你有权利选择怎样的生活方式。按照自己喜欢的、舒适的方式生活，超脱心灵的枷锁，才是幸福的意义。

曾有个漂亮的女人，认为自己的舞姿倾国倾城。许多年来，她四处表演，试图得到他人的认可，可惜的是，围观的人不少，夸赞的人并不多。她思来想去，不知何故。

一天，她遇见一位禅师，便向禅师诉说了自己的苦恼。禅师笑笑，指着窗外的一株植物对她说：“你看，那是什么花？”女人看后对禅师说：“那是夜来香。”

禅师说：“它只在晚上才会开放，所以叫夜来香。那你是否知道，夜来香为何只在晚上开放，而白天却不开花呢？”女人愣住，摇了摇头。

禅师笑着说：“夜晚开花，只是为了取悦自己！”见眼前的女人不作声，禅师接着说：“白天开放的花，只是为了引人注目，取悦别人。而这夜来香，在无人欣赏的情况下，依然努力盛开，芳香四溢，其实只是为了让自己快乐，它只是在做好自己而已。”

禅师看了看已经有所领悟的女人，笑着说：“许多人总是把幸福的钥匙交给别人，所做的一切都只是为了取悦别人，其实这样毫无意义。不管什么时候，都要记得做自己的主角，走好自己脚下的路，欣赏自己身边的风景。”

将别人作为自己生活的主角，生活的基调也不是自己所喜欢、所向往的。在取悦别人的同时，灵魂里的声音被压抑，不敢成为真实的自己，说什么、做什么都像是戴着面具，浑身不自在，付出的代价也可想而知，留下遗憾也在所难免。与此同时，总是想着取悦别人，而不从内在修炼自己、强大自己，整个人只会变得越来越卑微，越来越浅薄。

有个女孩自幼跟随父亲经商，见过各种各样的大场面。一开始，她希望别人都喜欢她，也希望自己出类拔萃，得到别人的关注。可后来她发现，世界上的人们性格各异，没有办法一个一个去讨好。而且，无论她怎么取悦，总是顾此失彼，弄得筋疲力尽。她很苦恼，感觉自己渺小得一文不值。她不明白，为什么自己这么努力还是无法得到别人的认可。

精明的父亲自然看出了女儿的心思，他告诉女儿：“取悦别人并不能让自己得到尊重。真正的优秀，是尽自己所能，活出最大的价值，给别人欣赏自己的机会。”父亲教她如何打高尔夫球，如何评鉴美酒，告诉她如何做个有品位的人。业余时间，她还学会了摄影，学会了舞蹈，把自己最美好的一面展示出来。与此同时，她还了解投资和理财，学着经营事业。多年后的她，成了一个美丽与智慧并存的女人。这份内在的修养，赢得了许多人的赞赏与羡慕。

何必在意他人的目光，我们是活给自己看的；何须向别人证明什么，活得更好是为自己。

心 | 灵 | 寄 | 语 —— HEARTWARMING

如果你还在把全副身心都放在别人身上，请从这一刻开始，调转目光看看自己，只有找回你自己，你会发现这个世界因为有“我”而更加美丽！

欲望少一点，幸福就会多一点

琼瑶曾说："随着年龄的增长，我觉得我的人生观，也有很多的不同。我越来越宽容，越来越柔软。生命里经历了太多喜怒哀乐，看多了各种悲欢离合，使我感触很多，使我越来越相信，人生，什么都不重要，重要的是快乐。"这是一个历经世事的女人所洞察的生活态度，放下了那些华而不实的追求和喧嚣的名利，只求能够让自己安稳、平和、快乐地投入生活。虽然是上了年纪才明白的事，可对我们来说仍然有所启示。前人所走过的路，是可以留给后人借鉴的。我们不必等到她的年纪，等到自己经受了挫折和痛苦才悟到，生活的本质其实就是少一点欲望。

现实生活中，我们每个人都是有欲望的，与生俱来的七情六欲，总是与我们的生命如影随形，无法规避。欲望很多，我们不可能同时实现。就如同当你只有一百块钱，可你需要在买一件你喜欢的裙子还是与朋友看一场电影之间做出选择。裙子，会满足你的表现欲，而电影则会满足你的舒适欲，而我们只能选择其一。

在欲望实现的先后顺序中，我们还需要学会一件事，那就是将那些不必要的欲望关在门外。将仅有的机会，留给会使我们变得更好的第一欲望。"我觉得自己很不幸福，因为我周围的女伴不是比我有钱，就是比我更开心。""我觉得我的丈夫太没有上进心了，每天只局限于把自己的工作做好，从来不去想要闯一番大事业。”“为什么在任何时候我都不能随心所欲地买我自己想要的东西？”很多经常这样抱怨的人，其实都有一个共同点，那就是对生活失望。失望的根源则是她们不断膨胀的欲望。

文萍最近和闺蜜抱怨，说她丈夫自从进了一个国企，在升到部门主管的职位以后，就安于现状，不思进取，还借口说是要把主管的职责做好。她还抱怨与婆婆的关系也变得越来越不好了。闺蜜对她的烦恼感到有些困惑。闺蜜说，做到部门主管的位置已经不错了，再往上升就是经理，肯定需要较长的一段时间，且这并非易事，做好目前的事情并没有什么不对。可文萍却认为丈夫本身就有胜任经理、总经理的能力，所以不应该在部门主管的位置上停留。而谈到对她婆婆的不满，文萍则说到，自从有了孩子以后，她们在教育孩子的问题上产生了很大分歧，晚上她想给三岁的儿子读故事，婆婆却坚持让孙子早点睡，理由是孩子太小，过早接受教育会使他失去很多快乐。闺蜜认为这是两代人不同的教育方式，谁都没有错，而且认为文萍根本没必要生气，既是婆婆，做媳妇的就应该对她尊重，没有哪个奶奶会害自己的孙子。即便有观点不一致的地方，也可以适当和婆婆沟通，无论如何也不应该让矛盾白热化。

最后闺蜜总结性地对文萍说：“我觉得你烦恼最大的原因在于你太贪婪了，而且什么都希望能够达到最好。”文萍则认为自己并不是一个不知道满足和有虚荣心的人，对孩子的教育她也觉得没什么不对。闺蜜帮她分析说，其实贪婪也并不是说一定要在物质条件上达到某种程度，你的

贪婪是在对地位、荣誉方面充满急切的渴望，当这种渴望得不到满足时，你就会不自觉地感到烦恼。你的丈夫并不是不进取，而是基于现实慢慢来。而婆婆与你对孩子的教导仅仅只是方式的不同，但都是对孩子好，如果你觉得你的教育方法更科学，完全可以采取和婆婆好好沟通的方式，把所谓的矛盾看淡，这些烦恼完全是可以避免的。听了闺蜜的劝导，文萍若有所思，在接下来的日子她也渐渐改变自己的心境，试着把一些事情看淡，慢慢地她觉得内心舒坦多了，而且家庭也变得更加温馨了。

我们每个心中都有欲望，但欲望却是可以选择的，我们可以将一些不必要的欲望关在门外。人生随时要面临形形色色的选择，有选择就有放弃。于欲望而言，我们要学会适当地放下，有时候适当地放下是一种更好的获得。

心茹自打结婚以后便在心里轻轻地告诉自己，要幸福，每一天都要好好过。人生苦短，女人美丽的容颜更是昙花一现，时光在指尖悄悄地溜走，她觉得自己必须尽快抓住幸福。

心茹只想和他牵手到老，也许，幸福仅仅只是这刹那间的感觉吧。夜里，她静静地躺在床上，被呼噜声吵得翻来覆去睡不着。摸黑起来喝瓶牛奶，闲极无聊，打开电视，频繁的调台找寻比较喜欢的节目以便打发时间。她不想吵醒老公，他要按时上班，而自己的工作比较自由，可以睡足再起床。

电视的声音被她调得很低，以至于他的呼声都盖过了电视的声音，她要看着下方的字幕才不至于弄不清剧情。就这样平淡的夜，听着他忽大忽小的呼声，看着不知所云的电视节目，刹那间她却觉得无比幸福。

她怕黑，在他出差时，她的房间里一定要开着灯，开着电视才能睡着。没事都尽量不去客厅，要喝水或去洗手间都要鼓足半天勇气。只有老公在的时候，心茹才敢不开灯在房间里走动。哪怕他睡着，打着呼，她都会安心。

明明知道老公其实也不是胆大的人。心茹不在的时候，他也会把房门锁死，并且加个椅子堵住房间大门，床边还要在伸手就能触到的地方放一根铁棍。两个胆不大的人在一起却是无比的心安。

几年了，他们分开的日子不会超过一个月，彼此的呼吸都是那样的熟悉。也许，就像他说的，爱情渐渐淡了，取而代之的是亲情。一千多个日夜相伴，感觉已融入彼此骨血。听到老公的呼吸，心茹的心才会跳动；他快乐，心茹的烦恼也会被抛在脑后；他爱吃桔子，家里就天天有桔子；只要他喜欢吃的菜，心茹都想办法学习。

要知道，从小到大，心茹都是十指不沾阳春水的。在厨房做饭也仅限于在妈妈回头切葱时，帮她把锅里的菜翻炒两下。可是现在，老公说心茹会烧的菜都是他爱吃的，而她则引以为豪。给老公倒水喝，做饭，洗碗，为他添饭，削水果皮，像宠小孩一样宠他。他快乐，心茹就幸福。老公事业不顺的时候，心茹就安慰他，逗笑他；快乐的时候，她就陪他大笑；悲伤的时候，她就让他重开笑颜。

也有生气吵架的时候。每当此时，心茹会觉得老公一点都不爱她，什么事都没为她做过，这么多年唯一送的一次花还是喝醉酒的情况下。从不对她说“我爱你”，唯一说过的一次，也是在和别人吃完饭、喝醉后还要去KTV继续，打电话告诉她时顺带说的。之后，无论是她威逼、利诱、耍赖、撒娇都无济于事，就是不说。她老公记不得所有和情人有关的节日，从来让她有过意外的惊喜。在家除了擦他自己的皮鞋，基本什么家务都不做。

可是，在生气时被她贬的一文不值的老公，往往会在一个转身后又想起：每次过马路他都会在车来的那边，为她挡住滚滚车流；夜里会记得给她盖被子；无论她做什么，他都无条件地支持，即使她说要辞职，他说好；她说要开网店，他说好，并为她提供资金；她说要买房，他说好，然后到处借钱；心茹的生意做不好，烦闷地诉苦，他却告诉她，有无生意并不重要，只要她开心就好。他的工资卡一直在心茹身上，从不过问。

心茹收入低的时候，怕被家人问及。他会说，自己找老婆是要来花钱的，只要她觉得开心就好，不指望她赚什么钱的。每当此时，心茹就觉得自己是世界上最幸福的女人，她觉得自己只要拥有他，就拥有了一切。

很多女人一直觉得幸福很虚幻，看不见摸不着。可对于忍受饥饿的人来说，也许能吃一顿饱饭就是幸福；对于有些物质上很富有的人来说，也许倾其所有都不能让他幸福。也许，一直被我们所忽略的，就是幸福吧。不是缺少幸福，而是我们缺少感知幸福的能力。

其实，幸福是每个人都有自己的体验。就好像《天龙八部》里的虚竹所说："我生平最快乐的地方，是在一个黑暗的冰窖里。"诚然，事业和社会成就、显赫的家族和体面的伴侣是幸福指数中重要的一部分，但最重要的依然是内心里的感受。我们曾经见过多少过着极其优越的生活却依然不快乐的男女啊。俗世的种种条件不过是幸福的条件之一，而自己的内心才是决定自己快乐与否的关键所在。

所以，一个女人全身心投入一份热爱的工作中就是一种幸福，全心全意的爱着一个男人也是一种幸福。能够明白自己想得到什么，并且愿意为之付出努力，这就是幸福。好好过日子，幸福就是这么简单。

心｜灵｜寄｜语 —— HEARTWARMING

知足，并不会影响到我们努力前行的脚步。相反，坎坷的路需要这种自我解脱来保持一种平衡心态。知足的人能够在乐观中保持平和，在冷静中洞察世事，在顺其自然中看准时机，在喧嚣中认清自己。聪明的女人必定是懂得知足常乐的，只有放下那么一点点欲望，才能得到更多幸福。

把平淡的日子过好就是幸福

每个女人，都期待着自己可以有一段不凡的爱情，并最终为那个人披上白纱，成为最美的新娘。而婚姻是非常神圣的，为了纪念这最完美的一幕，世界上也由此引申出了关于纪念日的寓意与各种命名。1 年，纸婚；6 年，铜婚；25 年，银婚；50 年，金婚；60 年，钻石婚。写到这里，你也许会问，应该没有比钻石更久远的婚姻纪念日了吧？

事实上，如果以法国人对结婚纪念日的命名来算，在钻石婚之后，还有 70 年的白金婚、75 年的白石婚，以及 80 年的橡树婚。被誉为神秘之木的橡树，在传说之中由希腊诸神之王宙斯所掌管，西方的许多国家也将其视为具有魔力的圣树。作为自然界最高大的树种之一，橡树还拥有着可长达千年的树龄。只要它还有时间与空间，它就会始终保持着向上生长的状态，对于爱情来说，只有恒久远才是无法超越的界限。

2014 年七夕的时候，微博、微信上那些被疯狂转载的爱情宣言，在一则短短数百字的新闻面前，都集体黯然失色。

新闻的主角，是一对来自山东威海的平凡夫妇，100 岁的宫德云与 103 岁的孙玉翠。这年是他们婚后一起度过的第 83 个七夕节，这个数字比被誉为婚姻纪念日最高点的 80 年“橡树婚”还要多 3 年。对于他们也许只能用中国的一句古话来作为总结，“死生契阔，与子成悦。执子之手，与子偕老。”

在微博上，我们看到记者所拍摄的那5张普通照片，是两位老人一天的普通生活。

第一张照片，是丈夫用颤巍的手，将自己在庭院里采摘的鲜花送给满脸皱纹的妻子，两个人的笑容很腼腆，似乎这还是两个人第一年结婚。

第二张照片，是丈夫在为妻子梳头，手持镜子的妻子在10年前因为小脑萎缩，逐渐丧失了一些动手能力，为了不让妻子感觉到生活不便，丈夫便照顾着她的生活起居。

第三张照片，是老两口一起坐在堂屋里，拿起象征爱情的巧饼，那个默契的宠格让我们羡慕。

第四张照片，是家中的院落。丈夫在为花浇水，而妻子就坐在不远的地方，静静地看着。

第五张照片，是家中的炕头，两个人一起坐在那里看电视，洒下满屋子的幸福。

对两位老人而言，他们甚至不明白自己所经历的这段平淡生活，为什么会让这么多媒体争相报道。对于这一对夫妻而言，他们的眼中并没有金婚或者橡树婚的差别，她们用一生的努力付出所想要的回报，仅只是家庭和睦，一家平安而已。

想要得到更多关于这段动人婚姻素材的记者，走访了老人的子女与村里的村民。结果他所得到的回答，却都很简单。村民们所能够说的对于这一对老人的印象，是他们这么多年一直都很和善的性格；儿女们，所记得的也只是父母几乎很少吵架，认为心胸豁达是他们幸福和长寿的秘诀。那个采访的记者，应该是很失望的，好不容易找到的题材却没有更多可以发挥的地方。这对一起生活了超过三万多天的夫妇，就像所有的平凡夫妇一样过着最平淡的日子，而不是爱情的山盟海誓，生活的荣华富贵。如果一定要说有一些与众不同，那可能只是因为他们在一起的时间比别人足够久而已。

“执子之手，与子偕老。”是很多女人都期待的爱情状态，可是在一起变老的过程中，我们都没有办法承诺彼此，我们的感情可以永葆新鲜。相爱的两个人，必须用更多的时间去适应平淡的日子，并在琐碎的生活中找到属于自己的简单幸福。因为，一段轰轰烈烈的感情，并不是可遇而不可求，但是短暂的不凡之后，就算是公主和王子也必须面对柴米油盐酱醋茶的平淡生活；而能够在平淡中让你始终觉得心安，并且愿意相依相守的感情，却是需要用尽一生去守护的。

女人的一生，并不需要多么的不平凡来证明自己的与众不同。我们所需要的，是在平凡中活出自己的精彩，只有你才可以赋予自己不平凡的人生。

曾经有人用歌声“歌遏行云”，艺术人生“德艺双馨”来评价关牧村，作为我国著名女中音歌唱家的她，对自己的人生概括却是：平常心是道，简单生活是福。在她看来，不要把自己当成什么，才是什么；

要把自己当成什么了，就不是什么了。

演出中，她是观众眼中有着很高造诣的艺术家。回到家，在丈夫的眼里，她只是一个普通的妻子，最拿手的菜是牛尾萝卜汤和包饺子。在儿子的眼里，她是一位和蔼的母亲，当三八妇女节收到儿子的短信祝福时，她高兴极了。她的业余生活就是读书，和朋友聊天、旅游，浏览名山大川，看《动物世界》。

因为拥有这一颗平常心，关牧村尽心竭力地成功扮演着自己的不同的角色，艺术家、妻子、母亲三个不同的角色，却付出了更多的耐心和爱心，虽然付出很多，但是还会得到很多。

现在，有很多女性一过了35岁就找不到工作下岗了，也有些单位根本不愿意要女人，有人问关牧村怎么看待这种现象？她讲到，其实中年女人更成熟，做事情更容易成功。她认为，中年女性不要失去信心。当生活遇到挫折了，以平常心对待，不看轻自己，从容淡定的自信是很重要的。

每个女人都有自己的生活方式，作为拥有满意工作的职业女性，工作中安守自己的本分，辛勤敬业，那么就会很轻松的拥有一段愉快的人生；作为全职太太，在家中任劳任怨的忙碌，相夫教子，那么，她的家庭也会更加幸福美满。

经常听到有些女性朋友在抱怨，抱怨孩子不争气，考试又没拿到第一；抱怨老公没本事，还没到中年却仕途不佳；抱怨自己体型太胖，和时髦的服饰无缘；抱怨工作压力太大，每天累得喘不过气来；抱怨薪水太少，购物还要精打细算……

就这样，再美好的光阴也如瓷器般破碎在了无止境的抱怨里。不要等到一切完美无瑕时才懂得享受生活，让平常心洗涤我们的心灵，于平淡中找寻简单的快乐，何乐而不为。

拥有一颗平常心的女人，会安于自己的选择，珍惜自己想得到并已得到的，不会去觊觎别人的成就，这样的女人优雅而从容。刻意的追求完美，却弄得自己伤痕累累，这是不可取的。有所得必有所失，失之东隅收之桑榆，这是自古常理，平心静气的做好自己的事情才是硬道理。如果定下了目标但仍战战兢兢，就要想想自己的能力，是否足够达到目标，而改变这种慌张需要的就是一颗平常心。平常心态有时比什么都重要，只要试着改变自己，培养好的心态，就会对生活重新燃起热情和希望。

拥有一颗平常心，就是让自己知道，既然改变不了环境，那就改变自己；改变不了事实，那就改变态度；不能控制他人，那就把握自己；你不可能万事顺心，但可以每次都尽心；不可能改变天气，但可以左右心情。不刻意强求什么，珍惜自己原有的，不去想那些遥不可及的，这样才能做个快乐的女人。

心｜灵｜寄｜语 —— HEARTWARMING

拥有一颗平常心，这种快乐简单而又纯粹。这种快乐的源泉可以是看到早春里的第一片绿叶；看到一朵含苞欲放的小花；经历一场丝丝的小雨；伴着清风晚月夜幕的降临，躺在凉爽的竹床上看星星望月亮；甚至接到朋友一个温馨的短信；给好久没有见到的朋友一个拥抱，让彼此感到真的非常高兴，快乐原来是可以传染的。

活在当下，懂得惜福

关于幸福，一位诗人这样写道：

幸福这座山，原本就没有顶，没有头，
你要学会走走停停，心灵在放松中得到生活的满足。
幸福不在怀念的过去，也不在追逐的未来，
而在我们拥有的当下。
幸福并不是一种完美和永恒，
而是心灵和生活万物的一种感应和共鸣。
幸福就是牵着一双想牵的手，
一起走过繁华喧嚣，一起守候寂寞孤独。
幸福就是拥有一颗想拥有的心，
重复无聊的日子不乏味，做着相同的事情不枯燥。
只要心中有爱，我们就会幸福，
幸福就在当初的承诺中，就在今后的梦想里，就在你身边。

没错，幸福不在怀念的过去，也不在追逐的未来，而在我们拥有的当下。昨天已经过去，即使昨天发生了再美的事情，我们也无法让它重新来过，明天还未来到，你把未来想象的像花一样那也是以后的事情，纵使你的手在长再也无法抓到，我们唯一能够抓得到，掌控的了的就是今天。

珍惜今天，就是惜福。只有惜福，我们才会懂得尊重每一件事物，尊重一朵花的恣意开放，尊重每一个生命的独立与自由。只有惜福，才能知道人与物、人与人，都是在一个特定的时空里相遇，一切皆是缘，惜缘就是惜福。

佛说：“前世五百次的回眸才换来了今生的相识！”“十年修得同船渡，百年修得共枕眠。”佛用他唯美的文字告诉世人要懂得珍惜，不仅仅是珍惜自身，更要去珍惜他人，珍惜身边的每一件东西、每一件事物，即使它现今已变得残旧或者失去了原有的价值，依然不要随便丢弃它。

一个女人懂得去珍惜那些常人看来不值得珍惜的东西，也会懂得去珍惜自己、珍惜人生，那么她就会获得真正的幸福。

传说中有一个女人，她生前善良且热心助人，所以在她死后，升上天堂，做了天使。

她当了天使后，仍时常到凡间帮助人，希望感受到快乐的味道。

一天，天使遇见一个农夫，农夫的样子非常烦恼，他向天使诉说：“我家的水牛刚死了，没它帮忙犁田，那我怎能下田作业呢？”

于是天使赐他一头健壮的水牛，农夫很高兴，天使在他身上感受到了快乐。

又过了一天，天使遇见一个男子，男子非常沮丧，他向天使诉说：“我的钱被骗光了，没法回乡。”

于是天使给他银两做路费，男子很高兴，天使同样在他身上感受到了快乐。

最后，天使遇见了一个诗人，诗人年轻、英俊、有才华且富有，妻子貌美而温柔，但他却过得不幸福。

天使问他：“你不幸福吗？我能帮你吗？”

诗人对天使说：“我什么都有，只欠一样东西，你能够给我吗？”

天使回答说：“可以。你要什么我都可以给你。”

诗人充满希望地望着天使：“我要幸福。”

这下子把天使难倒了，天使想了想，说：“我明白了。”然后把诗人所拥有的都拿走了。天使拿走诗人的才华，毁去他的容貌，夺去他的财产和他妻子的性命。天使做完这些事后，便离去了。

一个月后，天使再回到诗人的身边，他那时饿得半死，衣衫褴褛地躺在地上挣扎。于是，天使把他的一切又还给他，然后，又离去了。

半个月后，天使再去看诗人。这次，诗人搂着妻子，不停地向天使道谢。因为他得到幸福了。

活在当下，懂得惜福。就是要我们放下负担，快乐地生活在此时此刻，就是要我们活得无忧无悔。对未来发生什么不要去作无谓的想象和担心，我们就做到了无忧，对过去已经发生的事情不要去作无后悔与自责，我们就做到了无悔。人能无忧无悔的活在当下，思想就不会被其他的东西所束缚，便会达到最高的境界——最单纯的过去和未来都不是属于我的，现在才是真正属于我的时光，假设我们只有一天的时间，我们应该怎么去做，应该怎么去把今天经营的漂亮、完美，我们才不枉来到这个世界上。抛却不必要的烦恼，生活便只剩下了快乐，告诉自己：我现在就是快乐的，我活得就是现在。

现在的社会是愈加现实和残酷的，生活亦不容易，我们更要明确自己应该怎样活着，应该怎么才能让自己不被世俗的压力所束缚，学会放松自己的心境，学会活在当下，经营美好的人生。

活在当下是一种全身心地投入人生的生活方式。当你活在当下，没有过去拖在你后面，也没有未来拉着你往前时，你全部的能量都集中在这一时刻，生命因此具有一种强烈的张力。

这就是使生活丰富的惟一方式。除此之外的人们都是“贫穷”的。即使他们拥有世界上所有的财富，他们也是“穷人”。世界上有两种穷人——富有的穷人和没有钱的穷人。充实的感觉和对物质财富拥有的多少关系不大，它往往和你生活的方式、生活的品质、生命的喜乐、生命的特性有关。这些只有通过静心才可能感受到其中的深意。

“过去”和“未来”是人类语言里最危险的两个词。生活在过去和未来之间的当下就好像走在一条绳索上，在它的两边都有危险。但是一旦你尝到了“当下”这个片刻的甜蜜，你就不会去顾虑那些危险；一旦你跟生命保持在同一步调，其他的就无关紧要了。对你而言，生命就是一切。

佛家常劝世人要“活在当下”。到底什么叫做“当下”？简单地说，“当下”指的就是：你现在正在做的事、呆的地方、周围一起工作和生活的人；“活在当下”就是要你把关注的焦点集中在这些人、事、物上面，全心全意认真去接纳、品尝、投入和体验这一切。

你可能会说："这有什么难的？我不是一直都活着并与它们为伍吗？"话是不错，问题是，你是不是一直活得很匆忙，不论是吃饭、走路、睡觉、娱乐，你总是没什么耐心，急着想赶赴下一个目标？因为，你觉得还有更伟大的志向正等着你去完成，你不能把多余的时间浪费在"现在"这些事情上面。

不只是你，很多人都无法专注于"现在"，他们总是若有所想，心不在焉，想着明天、明年甚至下半辈子的事。

有人说"我明年要赚得更多"，有人说"我以后要换更大的房子"，有人说"我打算找更好的工作"。后来，钱真的赚得更多，房子也换得更大，职位也连升好几级，可是，他们并没有变得更快乐，而且还是觉得不满足："唉！我应该再多赚一点！职位更高一点，想办法过得更舒适！"

这就是没有"活在当下"，就算得到再多，也不会觉得快乐，不仅现在不够，以后永远也不会够。忘了真正的满足不是在"以后"，而是在"此时此刻"，那些想追求的美好事物，不必费心等到以后，现在便已拥有。

假若你时时刻刻都将力气耗费在未知的将来，却对眼前的一切视若无睹，你永远也不会得到快乐。一位作家这样说过："当你存心去找快乐的时候，往往找不到，惟有让自己活在'现在'，全神贯注于周围的事物，快乐便会不请自来。"

或许人生的意义，不过是嗅嗅身旁每一朵绮丽的花，享受一路走来的点点滴滴而已。毕竟，昨日已成历史，明日尚不可知，只有"现在"才是上天赐予我们最好的礼物。

心灵寄语 HEARTWARMING

许多人喜欢预支明天的烦恼，想要早一步解决掉明天的烦恼。明天如果有烦恼，你今天是无法解决的，每一天都有每一天的人生功课要交，努力做好今天的功课再说吧！

第四章

Chapter Four

学会去爱

在爱与被爱中体会美好

每个人心里都会住着一个人，是世上任何人都无法取代的，你甘愿为他承受一切，这，就是爱情。爱的路上千万里，时间是唯一最好的见证人，不容性急草率，不能几分钟热度就开始憧憬未来。学会信赖他，向他倾诉，尊重彼此的个性，唯有如此，美好的明天才会来临。

爱是一种态度，是幸福的真谛

爱作为一个人们熟悉的话题与人类的历史一样久远。虽说它赋予文学和艺术无尽的灵感，但对于爱的本质、真谛，每个人的理解却大不相同。

爱让我们快乐，也让我们困惑。它让热恋的情人、多年的夫妻常常从睡梦中惊醒，在凌晨之际悄然自问："他（或她）真的爱我吗？我真的爱他（她）吗？"母亲们，有时候也包括父亲们，暗自思忖，"我真的这么喜爱孩子吗？"其实我们每个人都有自己的困惑。一方面我们在说，"每个人知道爱是什么。"可是同时我们又不禁要问，"我真的在恋爱吗？我真的被人喜爱吗？爱究竟是什么？"

生命中有了爱，我们就会感到精神焕发、有生气，新的希望油然而生，仿佛有千百件事等着我们去完成。有了爱，生命就有了春天，世界也变得绚烂多姿。努力去帮助别人，你就能得到别人的帮助；全身心地去爱生活和自然，你就能获得幸福的人生。

爱情是非常抽象的东西，是一种感觉、一种体悟、一种身心超越现实的纯美反应。这种感觉、体悟和反应，精致敏锐，牵动着整个心灵和悲喜情绪，而且力量巨大，大到往往不是理智可以控制或根本就无理可讲。

爱情使人产生相思，当孤独的时候会引起一种深深地怀念，同时也感到一些无以名状的忧伤。这种忧伤并非肤浅的无病呻吟，乃是如萧伯纳的名言："恋爱便是对异性美所产生的一种心灵上的燃烧的感情。"也如柏拉图所言："当爱神拍你肩膀时，就连平日不知诗歌为何物的人也会在突然之间就成了诗人。”

爱情领域内最能显现人格的优美或粗俗，爱情里也最需要牺牲精神。恋爱中的人是最勇敢的，当他所爱的人遭遇困扰和不幸时，他会挺身而出。即使自己的力量有限，也不会退缩或袖手旁观，让所爱的人独立承受苦难。即使整个世界抛弃了你，也不会使你感到孤独或忧伤，因为有人与你共命运，不会因你的得失而有所改变。

爱情中的牺牲精神，是高尚人格的展现和对爱虔诚的高贵奉献，与自贬自虐自我作践截然不同。在爱情的领域里，两个人是平等的，付出感情的理由只有一个，就是真正相爱，因为怜悯、同情或别的什么原因的异性交往，是另一种行为的表现，与爱情无关。

爱情是一个永恒的话题。人如果没有爱情，就如同古树没有了绿叶、河水没有了鱼儿、蓝天没有了云朵，就会少许许多多的精彩与感动。

古老的希腊神话说，爱是人类的一种本能，一个男人或一个女人，只是人的一半，他或者她，必须找到另一半，才能构成一个完成的人。

神话中说，从前人是一种“圆球状的”特殊物体，他有四只手，四条腿，观察相反方向的两副面孔，一颗头颅，四只耳朵。人的胆大妄为使奥林匹斯山上的众神忐忑不安，众神之王的宙斯于是决定把人一分两半，就像“在腌制花椒果之前把它分开，或是用一根头发切开鸡蛋那样”，使分开之后的每一个人不是四条腿，而是用两条腿走路，这样人就变得软弱一些了。在人的身体被分开两半以后，“每一半都急切地扑向另一半”，他们“纠结在一起，拥抱在一起，强烈得希望融为一体”，这样就产生了尘世的爱情。

这个神话喻示了爱是与生俱来的一种渴望，是无法阻挡的对“完美”的追求。两个真正相爱的人，心灵的感应是互动的，冥冥中仿佛有默契，你想念他，他也想念你，你为他相思忧伤，他也正为你怀念痛苦，所谓心有灵犀一点通，是爱情中人最神奇美妙的感觉。

中国人很早就认为，爱情是一种缘分，所谓有缘千里来相会，无缘对面不相识。

唐代一本《续幽怪录》的志怪小说里记述了一件事：

唐代有一个叫韦固的人，一天夜里，他偶遇一位神奇的老人，正靠着一个布口袋坐着，借着洁白的月光翻看一本书。

韦固上前问看的是什么书？老人曰：“天下之婚牍耳”。

他又询问老人袋中何物，老人说里面是红丝线。

韦固好奇地问，自己未来的妻子是谁？

老人翻了翻他正看的那本书，说是店北一位盲婆的女儿，才三岁。

韦固恼羞成怒，暗中派仆人去刺杀那个小孩。仆人作恶心惊，只伤了女孩的眉心，便惊慌失措地逃走了。

十多年后，韦固成了勇士，刺史王泰将女儿许配给他。

姑娘生得俊美异常，只是眉间总是贴着贴花，韦固问其缘由，才知道这个女人正是当年所刺的女孩，是刺史抚养了她。

韦固因之慨叹，缘分是不可能被人破坏的，于是与姑娘结下良缘。

其实，爱情就是男女相互之间产生的吸引力。不管是男人还是女人，随着年龄的成熟，都会由于家庭和教育的影响，在心目中产生一个主观偶像，也就是对另一半的审美标准，这样，在生活中，一旦遇到与之相仿佛的对象，就会产生吸引力，就有一种与之结合的渴望和冲动。

有一位经历过爱情的男人回忆道：

自从30多年前在那片柔软的沙滩上第一次碰到我的妻子之后，奇怪的事情就发生了。熟悉的风景和声音，如长满蒲公英的田野，它们连同我们第一次约会跳舞所用的悠扬的舞曲录音带，突然地——也是不可名状地——使我哽咽起来。我的精力变得无穷无尽，时间飞逝，似乎一天跟一天连接在一起。“这就是那个古老的黑色魔术”，我的一位比较入世的朋友告诉我，“你爱上她了。”

我对她思恋得太苦，简直有点沮丧。我总是梦见她。我食欲不振，神经简直要炸裂。真的，爱情与恐惧是一样的感情——太阳穴极度剧痛，头晕眼花，不辨方位，双手发颤，胡乱猜疑。如果人的肉体对恐惧做出的反应和对“坠入爱河”做出的反应是一样的——那么爱情意味着什么呢？

这就是爱情的魔力，它能使人激情澎湃，更加热爱生活；也能使人悲哀沮丧，厌倦人生。

爱情使你的渴望得到满足，你就感到幸福。

爱情使你的渴望无法实现，你就感到痛苦。

有时爱情的发生会让人产生“为对方而生”的想法，进而达到“生死相许”的境地，这种爱情是真挚的，也是义无反顾的。

有这样一个故事：

一天夜里，男孩骑摩托车带着女孩超速行驶。

女孩：“慢一点……我怕……”

男孩：“不，这样很有趣……。”

女孩：“求求你……这样太吓人了……”

男孩：“好吧，那你说你爱我……”

女孩：“好……，我爱你……你现在可以慢下来了吗？”

男孩：“紧紧抱我一下……”

女孩紧紧拥抱了他一下，女孩：“现在你可以慢下来了吧？”

男孩：“你可以脱下我的头盔并自己戴上吗？它让我感到不舒服，还干扰我驾车。”

第二天，报纸报道：一辆摩托车因为刹车失灵而撞毁在一幢建筑物上，车上有两个人，一个死，一个幸存……驾车的男孩知道刹车失灵，但他没有让女孩知道，因为那样会让女孩感到害怕。相反，他让女孩最后一次说她爱他，最后一次拥抱他，并让她戴上自己的头盔，结果，女孩活着，他自己死了……

就在那一瞬间，就在平常的生活里，爱向我们展示了一个神话……这可能就是我们所寻找的真正的爱情。真正的爱情就是付出，就是无私，也包含了牺牲。爱情需要的是真心实意的付出而不是获得，真真正正的奉献而不是索取。一个真正拥有爱情的人会为他（她）心爱的人倾注自己的所有，付出的同时没有犹豫，没有计较，没有权衡，甚至像这个男孩子一样，为所爱的人牺牲自己的一切。

爱情蕴含了太多的含义，需要用真情用一生去体会。让我们一起记住车尔尼雪夫斯基这样一句话：爱一个人意味着什么呢？这意味着为他的幸福而高兴，为使他能够更幸福而去做需要做的一切，并从这当中得到快乐。

心｜灵｜寄｜语 HEARTWARMING

爱着的女人最美。爱可以让女人神采飞扬，爱的情怀能够让你产生有所寄托的愉快与幸福的感觉。心，一旦孤寂和落寞，变成爱的荒原，美丽也会随之凋谢。人，只要活着，就应该爱着。一辈子真诚地去爱、投入地去爱，爱的甜美自会天天滋润女人心。

适当保留，留给自己一点爱

现实生活中，很多人都认为爱一个人就应该全部得到或者全部给予，否则就不算彻底。可大家有没有想到过爱情和人一样也是需要自由的！爱不是占有或被占有、控制或被控制时，那样的爱就出了问题！

很多人都喜欢把自己全部的爱给予对方，但大家有没有想过真正属于自己的那一份爱呢？你的全部给予了对方，你就失去了爱自己的资格，你连自己都不爱，那么你凭什么去爱别人呢？拿什么爱别人呢？

在爱情的长河中，每个人都渴望被爱，当有人爱你，你就会觉得甜蜜蜜的；每个人也会渴望自己去爱，爱自己喜欢的人也是一种幸福。爱就像一种暖流时刻温暖着我们的心扉。可是，当我们的爱变得像糖一样黏糊糊的时候，被我们爱的那个人会怎么想呢？

爱是无私的，我们有时甚至会为自己的付出而骄傲自豪，“看，我是多么的爱你！”可我们的爱也许是千斤重担，已经压得他喘不过气来，渐渐地让他也迷失了自我……

人总说“落花有情流水无意”，可否想一想，落花有没有错呢？她把自己完全给了流水，没有了自己，也许正是流水无意的因由吧。

爱还是保留一些吧，留一些给自己，活出自信美丽的自己。

很久以前，天上有九个叫太阳的男人同时爱上了一个叫地球的女人。为了得到地球的爱，九个太阳相互争斗。最后只剩下了一个太阳。太阳得到了地球的爱。她每天陪伴在他的身边，他每天守护着她。日复一日，年复一年……

然而，地球只把半颗心给了太阳：白天她享受着太阳带给她的温暖与庇护，夜晚，她独自承受着寒冷与孤独。千万次的，太阳对地球深情地说："为什么你不能把全部投入我的怀抱，把整颗心都交给我呢？"可千万次的回答都是地球的沉默。每当夜幕落下，寒冷与孤独一起袭来的时候，地球有一千万次的冲动，让太阳的爱把自己燃烧，可每当地球决心投入太阳怀抱的那个瞬间，理智总能占据她的另半颗心。她知道，在享受爱的时候，激情会爆发；而在肆无忌惮地享受爱的时候，激情同样会枯竭。所以，一千万次的激情总能被仅有的一次理智摧得体无完肤。千万年的延续，没有改变地球与太阳之间的距离，还有他们之间日夜不断的激情。地球仍把半颗心献给太阳，另半颗心留给自己。爱应该适当保留，不要一股脑儿地全给他（她）。

有人说：喝酒的时候，六分醉的微醺感是最舒服的，肌肉可以得到松弛，眼中看到的一切都是可爱的。如果你还继续喝，很可能隔天你会头疼欲裂，全身不舒服，完全丧失了喝酒的乐趣。吃饭的时候，七分饱的满足感是最舒服的，口中还留着食物的香味，再加上饭后甜点、水果，保持身材和身体健康绝对足够。如果你还继续吃，很可能会肠胃不适、吃太饱想睡觉，完全丧失了吃饭的乐趣。

一份爱情要投入几分才好呢？不是十分，而是八分，只要八分就好了。当你爱一个人的时候，爱到八分绝对刚刚好。所有的期待和希望都只有七八分；剩下两三分用来爱自己。如果你还继续爱得更多，很可能会给对方沉重的压力，让彼此喘不过气来，完全丧失了爱情的乐趣。所以请记住，喝酒不要超过六分醉，吃饭不要超过七分饱，爱一个人不要超过八分。

幸福的爱情应该是一套错落有致的房子，留有一些空间容纳新鲜的阳光。房子的八分是共同的，另有两分留给对方。与其说是留给对方，不如说是留给自己的。

很多人都认为，爱一个人，就应该全部得到或者全部给予。事实上，真正的爱从某个角度说“部分爱”大于“全部爱”。为爱留余地，意味着我们将要对自己、对恋人和对爱情更有信心，意味着我们允许彼此留点小秘密，也意味着我们愿意在爱与被爱的同时，越走越长久。

就像一个初生的婴儿，过于亲密的拥抱对他来说，不是爱，而是“谋杀”。事实上，真正健康和持久的爱，是留有余地的，既给对方，也给自己。因为“爱与被爱”是人类心理需求的一种，而非全部，倘若爱的存在威胁到其他需求的满足，心灵就会渐渐出现各种“排异反应”，抵触恋爱关系的存在。

事实上，真正的爱不但不会消灭一个人的人格独立性，相反还会令这种独立性散发出更加耀眼的光彩，因他不会违背我们内心“被尊重”的需要。从这个角度说，“部分爱”大于“全部爱”。

情感本身的脆弱与复杂让人很难评说是非。有时候，爱与不爱并不能为人们的意志所左右，而人可以把握的，只能是自己。

没有谁可以保证自己的爱会永远甘之如饴，我们常常无法拒绝那些苦涩甚至惨痛的体验。幸福与痛苦是生命里的孪生姐妹，重要的是我们如何理智地对待。你可以选择歇斯底里，选择绝望，选择伤害；你也可以选择安详笃定，选择理性，选择有尊严的放弃。我们应当对自己负责，对生命负责。

有一首歌里提醒人们：“要为自己保留几分。”不要把自己的整个人生都押在口口声声说爱你的人身上，两情相悦固然美好，但不应该是我们生命的全部。倾其所有守候“爱情”的人，说不定会为其所伤，并深受其痛。心智的独立与处变不惊的镇定、从容应是现代人的必要素质。天地那么大，生命那么短暂，有什么比珍惜自己更重要的。

“生命诚可贵，爱情价更高，若为自由故，二者皆可抛。”但当你把生的自由都拴在一个人身上了，你便会发现这句话其实是一个死循环，正如我们对爱情的挣扎，总是企图自圆其说。

爱情有时候就是慢性毒药，一点点埋下玄机，等着一朝爆发。不过，含笑饮毒药，是痴恋女子一贯的风格，因为她们知道，遇到那个合适的人是多么不容易，能有一个人可以让你甘心风里来、雨里去是多么幸福的一件事。

但是她们往往忘记了，自己也是那么独一无二，如若伤了心，同样会有疤痕。

爱情这件事，本该是慢慢来的：在我刚刚遇见你的时候，你也刚好爱上我，就在一起了；渴望厮守一辈子，管他嫁妆房子，有你就好，结婚生子，顺其自然。

爱得太急切，爱得太浓烈，让另一半感到窒息和压力，最终擦肩而过。

爱得太急切，爱得太浓烈，就会去纵容他，慢慢地他就不会珍惜了，才明白自己当初有多傻。

爱得太急切，爱得太浓烈，会被他牵着鼻子走，动辄方寸大乱，如被魔杖点中，完完全全不能自己。从此，你没有自己的思想，没有了自己的喜怒哀乐。你以他为中心，跟他在一起时，他就是整个世界；不跟他在一起时，世界就是他。

爱得太急切，爱得太浓烈，会无原则地容忍他，慢慢地他习惯于这种纵容，无视你为他的付出，甚至会觉得你很烦、太没个性，甚至开始轻视、怠慢、不尊重你……

爱得太急切，爱得太浓烈，你无异于一枝蜡烛，奋不顾身地燃烧，只为求得一时的光与热。待蜡烛燃尽，你什么都没有了。而对方只是一个手电筒，他可以不断放入新电池，永远保持活力。

爱得太急切，爱得太浓烈，他会习惯于你对他的好而忘了自己也应该付出，忘了你一样需要得到同等的回报——他完全被你宠坏了。不要以为你爱对方十分他也会爱你十分，爱是不讲理由的，所以很多时候，爱也是不平等的。

不要爱一个人爱得浑然忘却自我。那样全身心的爱只应该出现在小说里，这个社会越来越不欢迎不顾一切的爱。给他呼吸的空间，也给自己留个余地。飞蛾扑火般的爱情，正在进行时固然让人觉得壮美，但若它成为过去时你如何收拾那一地的狼藉？投入那么多，你能否面对那惨重的损失？所以，无论你有多爱他，都要为自己留有余地。

生活中，由于“爱过了头”，而出现裂痕的恋情已屡见不鲜了。看来，水乳相融未必能合二为一，那些当事者的确迷茫了。惋惜之余，我们又将如何面对呢？是重蹈覆辙，还是有所领悟？记得有位诗人这样描述过一段感人之情：“仿佛永远分离，却又终生相依。”透过诗中意境，我们看到的是距离即为美。是啊，“两情若是长久时，又岂在朝朝暮暮”。如果相爱的人们都懂得给对方留下一块属于自己的天空，懂得在相爱的季节里讲究一点点“留白”，懂得追求一种“轻轻的我走了，正如我轻轻的来”的更高境界，那么，情感的方舟便能乘风破浪，驶向幸福的伊甸园。在那里，爱情的玫瑰一定是四季盛开的。

恋爱中的每个人都应当知道，“留白”会让爱情永远年轻。

这世上并不是你付出多少，就一定能得到多少回报的！相信这个道理在很多人身上都得到过印证。

相遇真情，觉得它弥足珍贵，这是正常的，但在对任何一段感情付出的同时，我们一定要保护自己，凡事都要留有余地。

李敖写过一首诗《只爱一点点》：“不爱那么多 / 只爱一点点 / 别人的爱情像海深 / 我的爱情浅……”针对这首诗，李敖自己解释说：“我相信，爱情本是人生的一部分，它应该只占一定比例而已。它不是全部，也不该日日夜夜时时刻刻扯到它。一旦扯到，除了快乐，没有别的，也不该有别的。只在快乐上有远近深浅，绝不在痛苦上有死去活来，这才是最该有的‘智者之爱’……”

心 | 灵 | 寄 | 语 —— HEARTWARMING

完美的爱情并不需要彼此“一览无余”，各自保留一份独立对爱情有很大的好处。每个人都会有他自己不愿被人知道的一面，所以，爱情也要留有余地。留有余地的爱情是长久的，它会让每一对爱人都保持一份独特的新鲜感和兴趣。

且行且珍惜，爱一个人是一辈子的事

一位作家说得好："婚姻是窗前的一盏灯，失去了它，你才知道什么是荒山野径。"由此可见，婚姻尽管平淡，但你不可以失去它。失去了婚姻就失去了爱，就会感到寂寞无助。在平淡中见真情，只有懂得珍惜、平淡的婚姻生活，才能陪你走得更长更久。

细细品味，平淡的婚姻犹如一捧细沙。需要我们小心地珍惜与呵护。无论是抓得过牢还是握得过松，它都会从你指缝间溜走。

在平淡的婚姻中，夫妻如同乘一列火车观光的朋友，在旅途上，他们相互照料、相互体恤。他们能经受住各种严峻考验。你说它平淡，可它却很实用、很真实、很可靠。

夫妻间的生活犹如两块石磨之间的磨合，不是她去适应你，就是你去适应她。你们一起经历风雨，穿越荆棘，走出沼泽，最终踏上一马平川。无论是你最失意，还是最成功时，你都会发现：对方才是你最大的牵挂。

当你晚年站在婚姻这座围城之巅，你会自豪地发现一个不变的真理：原来平平淡淡才是真。你才是婚姻的主宰者，而你的婚姻是那么真实，那么清晰，那么叫你感动不已。

婚姻不单单是两人世界，婚姻讲求实际，就是实实在在地过日子，每天开门七件事：油盐柴米酱醋茶，水电住房生活费。在婚姻里，责任和理智是非常重要的，走过初始的“两人世界”，新婚的柔情蜜意渐趋淡化，“小天使”的降临尤其让人感到肩上的分量。婚姻之舟这才算是真正驶出了港湾。

这种平淡的婚姻是值得珍惜的，它是对现实婚姻和人的情感规律的一种透彻的认识和省悟，是一种难得的豁达和平实。和最爱的人相伴终生，真是非常浪漫的一件事情。 如果我们把婚姻比作一杯酒的话，幸福的婚姻就是一坛酒香郁的好酒。这坛好酒有的浓烈，有的平淡。浓烈不如平淡，平淡才能持久，而要持久就必须懂 得珍惜。一切幸福长久的婚姻都需要我们做到精心经营、细心呵护、倍加珍惜。

林子和丈夫晓伟是高中同学，然而在高中毕业后就各奔东西了。时间一晃，七八年过去了，他们都经历了初恋的酸涩、甜蜜和失恋的痛苦、暗淡，而一次机缘巧合的相遇使他们重新认识了对方。那时林子还沉浸在失恋的痛苦中，而闺蜜们一个个都走向了婚姻的礼堂，再加上父母的再三催促，她做出了一个决定：和晓伟闪婚。就这样，他们走在了一起。结婚证拿到手后，林子心里有一种稀里糊涂的感觉——难道自己成了一个有丈夫的人了吗？

其实，晓伟和林子的初恋男友在各个方面都差不多，甚至可以说，晓伟更优秀一些。但是，林子在婚后相当长的一段时间里，很不适应和晓伟在一起的生活，因为她习惯了初恋男友的味道，习惯了在初恋男友面前撒娇、使性子。因此，她不能接受另一个人和她生活在一起。于是她对晓伟横挑鼻子竖挑眼，横竖都不满意。晓伟也看出了妻子对他的挑剔，但是他还是默默地为妻子洗衣、做饭，默默地承受她时而歇斯底里的吼叫。

时间久了，林子的怒气和怨气都渐渐消失了，晓伟还是和往常一样无微不至地关爱她。林子觉得有点儿对不起自己的老公，心想：以前的男友再也无法回到自己的身边了，我为何不珍惜现在的婚姻生活呢？如果我这样下去，我们的婚姻一定不会幸福的。

于是，林子就开始慢慢接受、珍惜、关爱晓伟。晓伟感觉到了林子对他的关爱，更加高兴了。一年后，他们有了自己爱情的结晶，幸福的婚姻生活已经扬帆起航了。

其实，要想我们的婚姻之路走得更长、更久，我们必须懂得如何去珍惜自己的婚姻生活，懂得如何去珍惜自己的爱人，懂得如何去珍惜自己的家庭。幸福必须在自己力所能及的基础上去追求，动辄就对对方产生更高的奢望，这无异于做无米之炊，等于刁难自己去追求烦恼和不幸，这是不珍惜婚姻的做法，是不明智之举。

记得由周星驰和朱茵主演的《大话西游》里有这样一句话：曾经有一份真爱摆在我面前，我没有珍惜，如果时光能够倒流，我会对她说："我爱你"，如果非要给这份爱加一个期限的话，我希望是一万年。这句堪为经典的话同时也在启发我们：婚姻在这个世界上极为宝贵极为神圣，如果我们不懂得珍惜，当失去的时候，后悔莫及。

人这一辈子真的不容易，生活不容易，婚姻也不容易。据说，在这个世界上，一个人与另一个人相遇的可能性是千分之一，成为朋友的可能性大约是两亿分之一，而成为终身伴侣的可能性只有几十亿分之一。在这浩瀚的世界里，芸芸众生中，一个人能与另一个人结为伴侣，这是多么的不容易啊！因此，我们一定要相信机缘，一定要珍惜拥有。如果我们在彼此拥有的日子里，忘却了自己的初衷，因为太熟悉了，熟悉得没了距离，因为太了解了，以致对身处的温情熟视无睹，没有了感觉；如果我们停止了对婚姻的珍惜，放弃了对婚姻的维持和努力，将深爱的人无情地摧残，那么，我们也会将自己陷入迷茫孤独的境地。

幸福的婚姻生活应该用什么来诠释呢？我想：如果自己的另一半愿意和你一起走过风雨，涉过坎坷，而依然无怨无悔；如果自己的另一半能够和你相伴一生一世，相濡以沫，而依然相亲相爱。这就是幸福的婚姻生活。

有一对老人，常常在夕阳西下的时候挽着手，安详地走在林荫道上，这让很多过路人羡慕不已。有一次，记者问他们："叔叔，阿姨，你们看上去是多么幸福啊，能不能传授一下幸福的秘诀啊？"他们都笑了，那位阿姨说："有什么秘诀啊？幸福其实是由珍惜得来的，不懂得珍惜婚姻的人，是很难得到幸福的。"阿姨说完，叔叔点头称是。

两个人从相逢、相识、相爱，到步入婚姻，结为伉俪，这其中的情缘是多么深厚！唯有珍惜这份情缘，才能让幸福之花永远开放，并吐露芬芳，散发出迷人的香味。

拥有幸福时不知道幸福的真正含义，等到失去了才发觉幸福其实就在我们身边。这就像被黑布蒙住的眼睛，失去了感受色彩的能力，心灵只剩苍白。在现实中，我们很少去想自己已有的东西，往往竭尽全力去寻求得不到的东西，把眼睛望向彼岸，好像那里才有幸福和快乐。恰恰在我们力不从心的追求过程中，丢失了眼前的幸福。

远方的路也许坎坷不平，远方的风景也许让人流连忘返，远方也许有自己能够寻找到的别样的东西，远方也许有自己想象的爱情。但是，经过一番长途跋涉，当满怀疲惫回到心灵的故乡——家，当我们收拾起一颗狂野浮躁的心，我们就会发现，其实真爱就在身边，爱情就在眼前，温馨的婚姻生活，就在这方狭小的、再熟悉不过的屋宇之下。

心｜灵｜寄｜语 —— HEARTWARMING

珍惜婚姻，就是珍惜我们的幸福。用自己的爱心去呵护一个温馨的家，用自己的真心去经营一个甜蜜的家吧，只有这样，我们的婚姻才能够幸福长久。

用温柔浇灌幸福之花

一位婚恋专家说：“没有任何一个男人能逃出女人温柔的怀抱。”是啊，女性的似水柔情，对于男人而言，是一种迷人的美，也是一种可以被其征服的力量。所以，女人一定要把温柔在婚姻中发扬光大，借助温柔的力量来打造幸福的婚姻生活。

婚姻中温柔的女人是最平实的，她们虽然没有万种风情，却犹如一杯醇厚的佳酿，外表平淡无奇，喝下一口却令人回味无穷。温柔如蜜，甜而不腻，余味芬芳；温柔似月，撩人心弦，让人畅想；温柔是清茶，让人解渴，回味悠长；温柔像水，水能穿石，柔能克刚。如果你认为自己既没有聪明的头脑、广博的才学，也没有漂亮的脸蛋、魔鬼一样的身材，不必悲伤，因为至少你还有女人特有的温柔。温柔是吸引男人的强磁场，世界上没有任何一个男人能抵抗温柔的力量。这种柔情能渗透到男人的每一根神经，让他倍感舒适、温暖。

一位朋友这样介绍她的表哥和表嫂的婚姻：

表哥和表嫂结婚快十年了，和许多平凡的夫妻一样，他们过着平静的生活。尽管这是一个再普通不过的小家庭，但他们的小日子却过得非常幸福美满。这让他们的左邻右舍及亲友们都羡慕不已。有一次，我向表哥、表嫂讨教婚姻幸福的秘诀。表哥得意地说：“是你嫂子的温柔把我征服了，这么温柔的老婆我怎么不爱呢？你嫂子平时总是面带微笑，说话的声音很甜美，对我百般体贴。即使生气的时候，也会不温不火地与我沟通。”

说着，表哥就给我讲起了一个他们生活中的小事：在拥挤的地铁里，你嫂子打电话给我，她柔声细语并带着甜蜜的笑，说：“老公，我已经在地铁上了。什么？你今晚又加班啊？到几点啊？到10点啊？太晚了，那你在单位下面的饭店先吃点儿东西吧，别吃太油腻的东西，对身体不好。还有，天太热，别吃辣的，容易上火。少抽点儿烟，晚上你打车回来吧？提前给我打电话，我到小区门口接你去。嗯，嗯，我随便吃点儿就行，你放心吧。”过了一会儿，我打电话给她说要晚上回去吃，她高兴地说：“回来吃啊？不是要加班吗？哦，那太好了，你想吃点什么？我回去就去买菜，没事儿，不麻烦，我去咱家楼下的超市，家里有豆角，我把豆角择好，我再买点儿西红柿吧。什么？给你炒米饭，好的，蛋炒饭吧？没问题，水果我就不买了，冰箱里还有半个西瓜，咱们就吃西瓜吧。嗯，行，我给你榨西瓜汁……嗯，老公，路上小心，堵车你也别急，我做好饭后一边给你洗衣服一边等你回来。”

从这件生活小事中可以看出，表哥重复表嫂这些话的时候，脸上早已溢满了幸福。相信地铁里所有听到表嫂这些话的男人都会心生嫉妒，更会羡慕表哥的福气。从表哥的话语里，我明显地觉察出表嫂的温柔是从骨子里流露出来的一种温情。这种温情是一个女人真心爱一个男人的时候，自然而然地流露出来的，而不是伪装出来的，更无法掩饰。这种温情是一种淡淡的味道，它里面蕴含着女人的天性美，能散发出一种绵绵的气息，感染着爱人。

都说“性格决定命运”，相信一个性格温柔的女人定会赢得知心的爱人和幸福的婚姻。所以，做太太的要明白，命运掌握在自己的手里，婚姻也掌握在自己的手中。用温柔去营造爱的氛围，抓住幸福的婚姻，是好妻子一生的必修课。

但大家还记得“女王敲门”的故事吗？1848 年，英国的维多利亚女王和她的表哥艾伯特公爵结了婚。他们虽然感情和谐，但也有不愉快的时候，原因就在于女王不够温柔。

有一天晚上，皇宫举行盛大宴会，女王忙于接见贵族王公，却把她的丈夫冷落在一边。艾伯特很是生气，就悄悄回到卧室去了。

不久，有人敲门，艾伯特很冷静地问：“谁？”

敲门的人昂然答道：“我是女王！”

门没有开，房间里没有一点动静。女王离开了，但她走了一半，又回过头，再去敲门。

艾伯特又问：“谁？”

女王和气地说：“维多利亚。”

可是门依然紧闭。维多利亚气极了，想不到以英国女王之尊，竟然还敲不开一扇门。她带着愤愤的心情走开了，可走了一半，想想又一次回去，重新敲门。

艾伯特仍然冷静地问："谁？"

这一次，女王用温柔的语气说："我是你的妻子，艾伯特。"

这时，门开了。

这件极其平常的小事再好不过地说明了：即便是高贵无比的英国女王也需要用女性的温柔去敲开丈夫的门。只是多了那么一点点温柔，婚姻就变了颜色。所以说，婚姻中，女人的温柔是必不可少的，太太们应该懂得用温柔的方式去爱自己的丈夫，为婚姻增色。

认真想一想，世界上哪个男人会喜欢蛮、野、泼、粗、俗的女人呢？在他们眼里，这样的女人绝不是什么好太太。可又有几个男人不喜欢善解人意、谦和恭敬、温文尔雅、温顺含蓄的女人呢？温柔的女人就像一道淙淙的流泉，通体内外都充满着柔情。女人的柔情犹如绚烂的鲜花，沁人心脾，醉人心肺。

相信每位太太都希望把老公的心牢牢地抓在自己手里，然而想做到这一点，光靠蛮力是不行的，还必须学会温柔。比如，在他加班工作的时候，去他的书房给他倒杯热茶，或送去一碗面、一个荷包蛋，这样比你做再多的家务都有效果的。在丈夫不开心的时候，要像大姐姐般安慰他一下；丈夫生病时，要像母亲一样地把他揽在怀里，甚至轻轻地拍一下他的双肩，再给他煲上一锅靓汤；当自己委屈时，又会像小孩子一样，扑进丈夫的怀里，哭得肆无忌惮，向他寻求呵护和安慰。

上帝巧夺天工地创造了男人和女人，男人阳刚，女人温柔，就是让他们以刚制柔，以柔克刚，刚柔相济，维系着世间的阴阳平衡。如果说男人和女人是一对欢喜冤家，那么，女人对付男人最有效的武器就是温柔。温柔的力量可以说是所向披靡，无坚不摧，不少女性会运用温柔的力量束缚男人的野性，让其缴械投降，俯首称臣。

所以说，请不要吝啬于你的温柔，这是你征服爱人的心、永葆婚姻幸福的法宝。用温柔去营造爱的氛围和甜美的生活，将婚姻进行到底，你就是最后的赢家。

心｜灵｜寄｜语 HEARTWARMING

温柔的女人是智慧女神的宠儿，所以，在生活里温柔的女人从不缺少灵性。女人温柔起来像一只纤纤细手，知冷知热，知道轻重缓急，只要一个轻轻地抚摸，受伤的灵魂就得到安慰了，昏睡的青春就醒来了，痛苦的呻吟就变成甜蜜幸福的鼾声了。

相互扶持，关键时刻给对方力量

男人与女人相比，的确可以以强者自居，但这个强者只是相对的。当男人心情沮丧、压力过大、感情激动时，也同样希望得到女人的安慰与支持。

无论多么成功的男人，他在家庭中、在事业上大多受到过好妻子的帮助和指导。这种丰富的细节关怀和女性特有的温馨扶持常常使男人克服了自身的弱点，在温暖中完成志愿和追求。妻子的这种帮助，并不像教育者那种专科专项内容分明的培育，而是一种无影无形的却可以发生巨大推动力的无名英雄式的传导。好妻子就像深藏于大树下泥土中的密集的树根，从四面八方各种角度汲取丰富的营养，培植挺拔于风雨中的男人之树，而男人在那些善良宽容智慧的妻子面前由成熟到成功总是难离爱妻的叮咛。

一个善解人意的妻子，一个在任何时候都能为丈夫分担困难和挫折的女人，对男人的成长会有无法估量的激励。好妻子是朋友，丈夫可以在她面前释放所有的忧伤，可以放肆地像孩子一样泪流痛苦，毫无顾忌地讲述灵魂里的故事，可以把在生活乃至生命中的遭遇都对这位最忠诚的听者诉说。没有什么能够替代一位好妻子为丈夫容纳海一般的生命内容。

并不是每个男人都是天生的领导者和英雄，如果女人懂得支持男人，那么女人将成为“纸老虎”的钢骨，让男人无坚不摧，百战百胜。然而，这个道理不一定所有女人都懂，很多原本可以大有作为的男人，往往因为妻子泼一桶冷水，就平庸一生。很多时运不济、陷入绝望的男人，也往往因为妻子一番鼓励的话语，就让他咸鱼翻身。

某一天，有个男人从一栋七层高的大楼顶上跳下来。

他为什么要跳楼呢？

因为他活在深深的忧虑和恐惧中，他活得一点也不快乐。

他是一个家族企业的老板，因为事业遇到了经济危机，他已经完全没有勇气去面对自己亲人的白眼以及周围朋友的冷漠，他恨透了这个残酷的世界，所以，他只好用跳楼来结束自己，也结束一切。

本来，他的事业经营得很顺利，但因为他在和别人做生意的时候被人坑了，所以亏了很大一笔钱。然而，最糟的事情却不是他损失了多少钱。最令他难过的是，昔日一个个对他点头哈腰的亲人们，开始对他疏远了，生怕他开口向他们借钱，而这些亲人的钱，都是靠他的帮助赚来的。他也不敢把真相告诉妻子，他认为妻子无法和他一起承受这些残酷事实和即将来临的苦难，因为长久以来，妻子一直都以他的成功为荣，也一直都相信他会永远成功，甚至给他很大的压力。因此，他没有勇气告诉她这些事，他担心若告诉她这些事，会使她拥有幸福的希望破灭甚至远离自己，于是，他只好逼自己走进绝望的深渊。

就这样，事业上的困境和无人可以了解的苦楚，逼他走上自己办公室高楼的楼顶。当他站在高楼上的时候，他开始后悔了，自己还这么年轻，因为这么一点小事就结束了自己的性命实在太可惜，但是当想到亲人的白眼与不知道如何告诉妻子真相的时候，他又把脚步往前挪了挪，最后，他纵身一跳，从七层高的大楼跳下。

从常理来判断，他这么一跳肯定会摔个粉身碎骨，必死无疑。但是，让人不敢相信的是，他全身上下所受到伤害，只是擦破了胳膊而已。他跳下的时候，正好有个阳台的雨篷挡住了他下坠的身体。

当他醒过来，发现自己还活着时，感到无比的惊讶和兴奋。这时候，所有的困境和债务和这个奇迹相比，他觉得已经根本不算什么了。如果之前他还觉得自己的生命是处在地狱底层的世界，觉得自己已经走投无路，那么现在，他为自己还活着感到激动。

他赶紧回家把真相告诉妻子，并且把跳楼的事情也一起告诉了她。他妻子一开始有点儿激动，然后抱着他大声哭泣，她开始责备他不告诉其真相，并且庆幸他没有摔死。妻子告诉他，如果他真的摔死了，自己也会随他而去。因为她完全不知道他受了这么大的委屈和压力，作为他的妻子，她应该和他一起解决问题，并且给予他全力的支持。

她轻声地安抚他，开始和他一起想办法，并且拿出自己多年的积蓄以及自己的金银珠宝和一些股票，她希望通过自己的努力来帮助男人渡过难关。男人非常感动，他想，自己如果不好好活着的话，就太对不起妻子了。

就这样，原本好几个月来都活在焦虑中、无法专心思考的他，直到被妻子真心关怀这一刻，才真正解除心中的不安，可以去思考如何渡过难关。

过了几个月，经过不懈努力，他的事业又开始步上正轨，也不再有负债。更重要的是，他已经学会如何和他的妻子一起面对事业上的瓶颈，共渡难关，就像他们一起分享胜利那样。

幸好，这是一个快乐的结局，否则，他可能断送自己宝贵的生命，因为他不知道他妻子也能和他一起渡过难关，他更不知道她也能接受这个考验。

男人永远都是小孩，不管他曾经在商场如何意气风发，不管他曾经是英雄还是枭雄，一旦他失意，他都需要女人的关怀和支持。大部分的男人都不懂得去信任妻子，因为他们都有一种错误的观念，认为事业上的忧虑不用麻烦妻子，自己能够解决，直到问题越来越多，如同滚雪球般压垮他，妻子才知道丈夫有这些压力，但往往为时已晚。

深爱妻子的男人们想把所有美好的东西送给妻子，想成为事业上的成功者，想在妻子心中建立一种强者的形象。但是当事业不顺利的时候，他们想尽办法瞒住自己的妻子，不让她们知道，以免她们承受不了害怕与不安，认为自己的丈夫原来也不过如此，破坏自己好不容易建立起来的形象。他们耻于承认自己的挫折，不承认自己被打败。

事实上，他们从没有想到，不论好坏，他们都应该让他们的妻子和自己共同来面对并解决这些难题。因此，女人必须了解男人的这种“英雄情结”，主动提出关怀，才能化解男人心中的苦。

有些男人也想把他们的困扰说给自己的妻子听，但是妻子们却不想或者不知道该如何去听。美国心理学家曾对许多大公司上班族的女人做了一些调查，最后得出的结论是：“每个好妻子都应该做好一件很重要的家庭功课，那就是做一个好听众，倾听爱人在办公室里无法发泄的苦闷和烦恼。”

任何一个在职场上待过的女子都能有这种体会，如果她可以和家里某个人谈谈这一天在工作上所发生的事情，不管是好的或坏的，对她来说都是一件很舒服的事。从心理学的角度来说，能有一个管道来抒发情绪，比凡事放在心里来得好。

在办公室里，我们经常没有机会对所发生的事情发表意见，如果今天的工作特别顺利，我们也不能在那里开怀唱歌；而如果我们遇到了困难，我们也不想把这些麻烦、抱怨说给同事听，因为他们自己也有各种的困扰。

因此，当我们回到家时，有一个能抒发情绪的管道，对每个人来说都是十分必要的。女人如此，工作压力特别大的男人也是如此。懂得做个好听众的女人，不仅能抚慰自己的丈夫，给他最大的安慰，使他宽心，同时也能增加男人对女人的依恋。

给自己身边的男人最大的鼓励吧！当男人们需要安慰的时候，不妨张开怀抱让男人靠一靠；当男人遭遇困境时，不妨为男人加油打气；当男人灰心丧气时，不妨给男人一点前进的动力。

心 | 灵 | 寄 | 语 —— HEARTWARMING

有人说“男人是茶女人是水”，一杯茶的好坏取决于茶叶的本身，也要依赖于水的冲泡。就如同一个成功的男人背后，必定有一个伟大的女人。男人是茶，女人是水。而水又是各种形态的。不同层次的女人，她的社会价值取向也不同，泡出的茶品味也不一样。一个男人事业的成功与否，不仅在于他本身，更重要的是他身边是否有一个钟情于他，扶持他的女性。

爱需要心的交流与共鸣

婚姻是一本厚厚的长卷，需要心灵的关注，更需要心灵的倾听。人生活在忙忙碌碌的红尘中，很需要倾听和被倾听，需要心的交流和共鸣。在倾听中，彼此能懂得理解的重要；在倾听中，彼此会发觉婚姻是一生中的辉煌和最美好的事情。

你知道每个人为什么长了两只耳朵，却只长了一张嘴巴吗？这是上天要求我们多倾听别人的讲述，少说一些无谓的话。如果夫妻不能认真倾听对方谈话，沟通又如何实现呢？如果你不清楚对方做事的方式方法，也懒得听对方解释，由此就会导致彼此猜疑和不满，两个人越来越不愿意讲话，也越来越疏离。

倾听是美满婚姻的润滑剂。生活中，有些夫妻感觉婚姻生活很乏味，觉没什么意思，心理营养枯竭了。其实是他们之间缺乏必要的沟通和倾听。如果夫妻之间长时间没有互相的倾听，就可能会出现难以弥补的情感裂痕。

请听听下面这个真实的故事吧：

丈夫下班回家，兴致勃勃地对妻子李玫说：“哈哈，告诉你一个好消息，老总让我负责一项新产品的开发设计工作……”

丈夫话音未落，妻子李玫就急不可耐地说：“真的吗？那就好。不过，现在你还是先去买一袋盐吧，一会做饭等着用呢！”丈夫一脸无趣，无可奈何地去买盐了。

吃晚饭的时候，丈夫忍不住又提起开发设计的事情，因为这是他第一次独立接受这样重大的任务，也是进公司以来第一次得到老总这么大的器重，所以，他心里非常兴奋，又有点胆怯，渴望得到妻子的理解与鼓励，更渴望妻子能为他高兴高兴。可是，李玫却又一次打断了他的话："我说你别尽想着自己的事好不好？孩子的成绩在倒退，你也该管一管了，你最好明天抽空去学校一趟，与他的班主任老师见个面，谈谈情况……"

于是，丈夫默默地吃完饭，然后闷闷不乐地坐到沙发上抽起烟来。从此，丈夫在单位里不论遇到了什么事情，回家后再也不愿向妻子倾诉了，但他心里觉得很孤单。

婚姻中，丈夫在事业上取得了成功或成绩，愿意急于告诉妻子，说明他想与她分享喜悦。然而，个别妻子并不理解丈夫的这种心理需求，她只关心"家庭内政"，一旦丈夫与她谈论单位里的种种问题时，她就会像上面事例中所提及的李玫一样，表现出令人难以忍受的冷漠态度。这种做法会很容易破坏夫妻之间的感情。

幸福的女人都会静下心来倾听丈夫的心声。当丈夫讲述高兴的事时，他们一起分享喜悦；当丈夫倾诉不愉快的事时，她会理解他、开导他、鼓励他。

小梅是个爱唠叨的女人，而她的丈夫却是个少言寡语的人，所以，在他们的家中常常是小梅说，她老公则像个忠实的听众一样认真聆听。

可是一次当小梅遇到了一位搞维修的人，在两个人的聊天过程中，这个人不断向小梅吐露工作中的委屈。小梅很诧异，因为自己的老公也是干维修的，但他却从没有向自己发过任何牢骚。

于是，小梅开始询问老公工作中的不顺心事，慢慢地她老公才告诉她自己在工作中的诸多不如意，比如，如何千方百计地应付故意刁难的客户，如何解决客户的无理要求。这时，小梅才发现老公在工作上原来如此出色。

于是，小梅开始反思，她觉得夫妻相处不能是一个人的独角戏，不能只单纯地考虑自己的感受和体会，而忽略了老公的情感诉求。

在后来的生活中，小梅开始关注老公喜欢的体育赛事、国际政治、社会事实等，虽然，小梅的这些皮毛知识在老公面前无疑是班门弄斧，但起码他们有了共同的话题。渐渐的，小梅的老公开始主动和小梅谈心了，小梅发现她和老公的心贴得越来越近了。

夫妻之间的感情需要用“心”来“经营”，幸福的婚姻生活不是凭空而来的，这需要夫妻之间共同努力。因此，应坦诚相待、心心相印，需要相互沟通的时间，使对方能够敞开心扉、诉说衷肠、共度美好时光。

1. 和爱人时常联系

如果每天下午你都会收到伴侣的一个短信，你会不会感觉很幸福？也许你们晚上就会见面，但是无论如何他都会保持这个习惯，哪怕只是寥寥的几个字。时刻将你们联系在一起的短信成了你们之间感情的纽带，让你知道他百忙之中心里还惦记着你，还有什么比这更让你感动的呢？在关系牢固的恋人中间，这种做法非常普遍，他们不会让彼此失去联系，哪怕是一天也不行。现代社会生活节奏紧张，工作压力繁重，很有可能两个人接连几天都不能见面，无论是电话、微信，甚至是枕边的一个小小字条，都是想表达：尽管我们不能见面，但是我们的心永远在一起。

2. 给爱人鼓励和赞美

男女刚刚陷入爱河的时候，必然会互相欣赏对方的优点，随着关系固定下来，最初的温度略为下降之后，尽管两个人仍旧十分倾心于对方，但是已经不会再大声地说出赞美和鼓励的话。如果缺乏真心的赞美和鼓励，那么最初的赞美给彼此带来的美妙感受和感激之情就会大大降低，直接导致的结果就是两人的感情联系变得薄弱。

因此，必须多多鼓励对方，把他当作一个值得赞赏的对象，告诉他你对他身上的某个特点非常着迷，尤其是男性引以为豪、但是别人很少能了解的方面，比如他良好的社交能力、不为人知的小癖好，甚至是他健美的身体。

3. 要聆听爱人的心声

爱一个人，要学会聆听他的心声，了解他的心意。因为聆听爱人的话能够给他最大的安慰。

有些人认为，夫妻之间的交流就应该是夫妻之间的事、家庭的事，不应该谈什么家庭之外的事。他们觉得，和对方谈自己单位的事，没有必要，说不定还会惹麻烦。对方不在自己的单位工作，因而对自己单位的情况不了解，要向对方讲清一件事，并不容易，还是不说的好。各自为政，互不干涉，在单位不谈家事，在家不谈单位的事，界限分明。

这种看法似乎有道理，但仔细分析一下就会发现这样是不对的。我们爱一个人是爱他的人格、智慧、才能等，没有全面的了解，怎么会有全面的爱呢？

相互谈谈单位的事，谈谈自己对这些事的看法，交流一下工作心得，这本身就是一种学习，一种研讨，一种提高。有高兴的事，说出来共同分享；有不顺心的事，说出来请对方帮助指点，诉说衷肠，减轻压力和烦恼。这本来就是夫妻间相互支持，相互信任的体现。

心｜灵｜寄｜语 HEARTWARMING

有些夫妻相处久了，新鲜感会日渐消磨，出现了无话可说“凑合”的状态，这往往是因为他们不能适应婚姻和爱情的脱钩，这时，夫妻双方需要调整好自己的情感需求，多多换位思考，学会倾听对方的心里话。当夫妻双方在适度的表达、认真的倾听中共度良宵时，那才是婚姻的一道美景、一种甜蜜、一种无法言说的幸福。

第五章

Chapter Five

心向美好

世界不会辜负善良的人

如果你懂得奉献，那将是大爱无疆的做法。社会需要有博爱之心的人。如果社会缺乏博爱，那么，我们的世界将会变得非常冷漠。正是有了那些具有博爱之心的人，我们的社会才更好美好、更加和谐、更加有凝聚力和感染力。

心怀悲悯，做善良的女人

善良的品格如同沙漠里的绿洲，给人希冀。善良是拯救人性的良药。一个善良的女人，会给人春天般的温暖，更会给人天使般的感觉，正是因为内心的那份善良，才会为维持和谐的社会秩序贡献一份力量。试想，假如人人为己，自私自利，甚至为了自己的利益而你争我夺、恶语相向、大打出手，那么社会秩序将会何其之乱，失去了良好的环境，大家赖以生存的空间便不能安定和谐，那么，我们的美好生活又怎么能够得到保证呢？

善良虽博大如海，却又蕴于简单而平易的细节之中：它是风雨中悄然为你撑开的一把伞，给你庇护；它是寒冬里为你燃起的一盆火，给你温暖。更多的时候，善良是一句亲切的问候，一个善意的微笑，一声真诚的祝福。善良是人性光辉的体现，是奠定人们高尚精神和道德的基本品质。心底无私是善良，默默奉献是善良，帮人做一些力所能及的小事也是善良。

善良的女人，不会有恶劣的行为，对于生活中的问题，她们总是用温柔与智慧的方式去解决，她们不会招来别人的厌恶，反而让人充满敬意。虽然社会大舞台上的人形形色色，但是她们却总能够保持自己的本真，以善良之心待人待物，时刻散发着人性的光辉。这样的女人让人赞美，让人敬慕。

其实，“善良”这个词汇，是多么单纯，但却又是多么有力。它浅显易懂，它与人终生相伴，但愿我们能常追随它、善用它，因为老祖宗早就叮嘱过“善为至宝”，一生用之不尽啊。

有一个单身的女孩子，刚刚搬了新家，她发现隔壁住了一户穷人家，一个寡妇与两个小孩子。有天晚上，那一带忽然停了电，那位女子只好自己点起了蜡烛。

没过多长时间，她听见有人在敲门。打开门一看，原来是隔壁邻居的小孩子，只见他紧张地问：阿姨，请问你家有蜡烛吗？女子心想：他们家竟穷到连蜡烛都没有吗？千万别借他们，免得被他们依赖了！于是，对孩子吼了一声说：“没有！”

令她没有想到的是，就在她正要关上门时，那个穷小孩展开关爱的笑容说：“我就知道你家一定没有！”说完，竟从怀里拿出两根蜡烛，说：“妈妈说怕你一个人住又没有蜡烛，所以让我带两根来送你。”此刻女孩自责、感动得热泪盈眶，将那小孩子紧紧地拥在怀里。

我们每个人只有对别人充满爱心，才能够唤醒别人的感恩之心。

有一位家庭十分贫困的男孩子，为了能够积攒自己的学费，挨家挨户地推销商品。傍晚时，他感到疲惫万分、饥饿难挨，而他推销得却十分不顺利，甚至有些绝望了。这时，他敲开一扇门，希望主人能给他一杯水。开门的是一位美丽的年轻女子，她却给了他一杯浓浓的热牛奶，令男孩感激万分。

若干年之后，这位小男孩成了一位著名的外科大夫。一天，有一位患病的妇女，因为病情严重，当地的大夫都束手无策，她便被转到了这位著名的外科大夫所在的医院。外科大夫为妇女做完手术后，惊喜地发现那位妇女正是多年前在他饥寒交迫时，热情地给过他帮助的年轻女子，当年正是那杯热奶使他燃起了对生活的信心。结果，当那位妇女正在为昂贵的手术费发愁时，却在她的手术费清单上看到一行字：手术费＝一杯牛奶。

当别人遇到麻烦时，明明是举手之劳，可有的人却选择视而不见，那么，当他们自己遇到麻烦时，又有谁愿意出手相助呢？ 人和人是相互依存的，一个篱笆三个桩，不可能有谁具有万能的本领，虽说献出一份善良、一份爱心并不是为了获得回报，可是当看到被帮助者摆脱麻烦、走出困境时，自己的内心也会充满喜悦之情。

用爱面对每一天、每一个人、每一件事，心中就不会堆积烦恼，世间的纷争也会减少。天地虽宽，只要用无限的爱心去启发、引导，力量就不会间断。

爱惜自己，追求幸福，是人的本性之一，但也别忘记关怀他人，让别人也能拥有幸福，让社会多点温情。因为，唯有相互关怀、体谅，才是赖以创造出人类共同富裕及幸福生活的力量。

唯有主动付出，才有丰盈的果实得以收获。别人站得远，我们就走近，距离便会缩短；别人若冷漠，我们持以热情，就会让彼此靠近。

慷慨无私地为别人着想，就像播种一样，总能看到收获，尽管这种收获有时是直接的，有时是间接的，但是受益者会把爱的种子深植在心中，并将爱和善意传递下去。

有这样一个被人称为“美丽的误会”的故事。

在一家餐馆里，一位老太太买了一碗汤，在餐桌前坐下后，突然想起忘记取面包了，于是她急忙起身去取面包。等她返回餐桌时，却惊讶地发现自己的座位上坐着一位黑人男子，正在喝着自己的那碗汤。

“这个无赖，他无权喝我的汤！”老太太心里气呼呼地想道，“可是，也许他太穷了，太饿了。我还是一声不吭算了，不过，也不能让他一人把汤全喝了。”

于是，老太太装着若无其事的样子，与黑人同桌，面对面地坐下，拿起了汤匙，不声不响地喝起了汤。就这样一碗汤被两个人共同喝着，你喝一口，我喝一口。两个人互相看着，都默默无语。这时，黑人突然站起身，端来一大盘面条，放在老太太面前，面条上插着两把叉子。

两个人继续吃着，吃完后，各自直起身，准备离去。

“再见。”老太太友好地说。

“再见。”黑人热情地回答。他显得特别愉快，也非常欣慰。

黑人走后，老太太这才发现，旁边的一张饭桌上，放着一碗无人喝的汤，正是她自己的那一碗。

生活就是这样纷繁复杂，人与人之间的误会、隔阂，乃至怨恨等，时常都会发生。只要心地善良，互谅互让，误会、怨恨也能变成令人感动和怀念的往事。生活就是这么有意思，人们在相互的善意中得到温暖，在相互的帮助中不断前进，在相互的支持下共同走向美好的明天。

“人之初，性本善。”善良的女人胸襟博大，富有爱心。也许她们不曾想过，将爱心的种子播撒出去的时候，会收获丰富的果实。只要有一颗善良的心，生活所给予她们的不会只是重负和坎坷。善良的心比金子更珍贵，你无意中帮了别人一把，或许会让他在生命中看到希望，从而继续努力，走向更美好的未来；你一句宽慰的话，或许就会解开一个心结，让他不再意志消沉。善良的女人心如白雪，洁白无瑕，她们是最美丽的天使，因为善良，她们的人生也会更加多姿多彩。

心｜灵｜寄｜语　HEARTWARMING

善良的女人犹如一部名著，开卷有益，百读不厌。善良的女人犹如一首名曲，美妙动听，韵味无穷。善良的女人心地像小河，潺潺涓流，清澈见底。一颗善良的心，一种爱人的性情，一种坦率、诚恳、忠厚的精神，让女人成了人间最美的天使。

内心有阳光，世界就会温暖明媚

有人说：“真正的好女人，能够让人感觉到无微不至的温暖。”

奥黛丽·赫本，被世人称之为“温暖了全世界的电影明星”。在20世纪五六十年代，奥黛丽·赫本的事业达到了鼎盛的高峰，世界各地的影迷把她封为“银幕女神”。可是，人们喜爱这个女人，并不是单纯因为她的容貌和演技，更多的还是她那颗温和纯善的心。

年事渐高之后，奥黛丽·赫本淡出了演艺圈，但她并未淡出人们的视线。1988年，她开始出任联合国儿童基金会亲善大使，她经常举办一些音乐会和募捐慰问活动，还亲自到非洲贫困地区探望贫困儿童，埃塞俄比亚、苏丹、萨尔瓦多、危地马拉、洪都拉斯、委内瑞拉、厄瓜多尔、孟加拉等亚非拉的很多国家都曾留下她的足迹。1992年底，身患重病的奥黛丽·赫本，不远万里赶往索马里去看望因饥饿而面临死亡的儿童。她走到哪里，哪里就有爱戴与欢迎。

时至今日，人们依然怀念这位人间天使。人们爱的，不仅是她惊人的美丽，更是她身上那一份温暖的气息。她的爱心与人格，像她的影片一样明媚，照亮了许多人的心。

奥黛丽·赫本是温暖的女人，“奶茶”刘若英亦是。

就在奥黛丽·赫本离开两年之后，奶茶带着一首《为爱痴狂》走进了很多人的视线。她算不上标致的美女，却也不失美丽；她没有过于夸张的表现，却也从不刻板；她是个明星，却又宛若生活中的平凡女孩，大声唱着：“想要问问你敢不敢，像我这样为爱痴狂。”作为明星，她站得不高不低，抬头可见，伸手可触。她和许多平凡女子一样，总是笑盈盈的，对人客客气气的。许多人都喜欢这个真实的女子，并亲切地称呼她为“奶茶”。奶茶，多好的名字，在寒冷的日子里，暖了手，暖了心。

移开注视着荧屏的目光，回归到现实的生活，依然有很多向日葵般温暖的女子。

伊阳，一个爱安静、爱笑的女子。从大学毕业开始，她都在利用业余时间做义工。一颗纯善的心，一份执着的坚持，让这个25岁的女子，看起来温和宁静，优雅美好。当对物质的欲望一点点地扭曲了很多人的价值取向时，她的善良更显得弥足珍贵。接触过她的人，无不被她那良好的修养、温暖的气息所感染。就连那些不喜欢同人交流的自闭症少女，也愿意向她敞开心扉。

伊阳认识自闭症少女飞儿的时候，是在一个郁郁葱葱的夏天。那女孩黑亮的头发、黑亮的眼眸，给伊阳留下了深刻的印象。第一次见面，飞儿没有任何表情，伊阳没有过多地问她什么，只是告诉她外面的世界，自己遇到的人，自己开心与不开心的事。这样的交流，持续了四五次。后来，再看到伊阳的时候，飞儿竟愿意用眼睛注视她，尽管没有言语的回应，可伊阳知道她在听，用心听。

飞儿生日那天，是她们相识半年的日子。伊阳和平时一样，跟飞儿聊天，临走的时候，把礼物留给飞儿，让她回到房间再打开。飞儿打开礼物盒，那是一个可以收集阳光的罐子，还夹着一张美丽的贺卡，上面有一段隽秀的笔迹，一段温暖的字句——

“年少的时候，我总幻想把阳光装进罐子，夜晚再拿出来绽放光芒。遇见你的时候，我总希望可以给你最特别的心意，就像那一抹清晨的霞光。我坚信，每个人心里都藏着那个收集阳光的梦想，坚信一定有可以打动梦想的力量。如果你，就是梦想，让我从今天开始，为你将温暖的阳光奉上。”

那一夜，飞儿抱着阳光罐入眠，脸上露出久违的浅笑。再次见面时，飞儿递给伊阳一张字条，上面写道：谢谢你。简单的三个字，伊阳却无比满足。她知道，那颗冰冻的心就像是春日下的雪，在阳光下的照射下，慢慢地融化了。雪融化了，就是春天。

温暖是一种信仰，会让女人周身充满爱的希望，让自己和身边的人更加热爱生活；温暖是一种气场，会让女人变得伟大，给周围的人带去正能量。《红与黑》中，于连那么执意地要接近雷纳夫人，正是因为爱上了她身上那一种温暖的感觉。作为三个孩子的母亲，雷纳夫人周身散发着母性的温暖，在那个趋炎附势的社会中，在那个视功名利禄为无限荣耀的现实中，很难找到一片纯真之地，雷纳夫人给人带来的温暖与安稳，实在弥足珍贵，令人动容。

温暖的女人，骨子里有一种亲和力，像送暖的春风，像和煦的阳光，像寒冬腊月里的炉火，像雪中送来的热炭。她们不会因为尊贵的出身、美丽的脸庞而变得冷漠高傲，也不会用美丽课堂上学来的东西作为提升身价的砝码。她们尊重别人，通情达理，宽容随和。

温暖的女人，给人带来平实与亲切的感受。她们没有盛气凌人的姿态，不会因为小事喋喋不休；她们通情达理，和她在一起不会让人感到任何压力，她们就像仲夏里绽放的向日葵，心向阳光，脸上永远带着淡淡的笑容，走进她身旁，就会被她的温暖所感染。

温暖的女人，不会像娇弱不堪、处处依赖人的弱女子，她们勤劳持家，给她一个小家，她会装扮得温馨整洁，把饭菜做得可口香甜，与邻里相处融洽；就算心中偶尔荡起涟漪，冒出烦恼的泡泡，她也会很快调整好情绪，不给他人带来麻烦与压抑。

温暖的女人，非常优雅。这份优雅不源于外表，而是源自内心。世间最名贵的香水，在时间与空间的侵蚀下，也会失去香气，可是温暖的女人从内心深处散发出来的幽香，却经久不衰。

心|灵|寄|语 —— HEARTWARMING

温暖的女子，也许做不出惊天动地的大事，但却都能够用伟大的爱来做生活中的每件事。做一个向日葵般的温暖女子吧！清淡如水，明媚如花。

多一分包容，人生会更美好

福克斯说得好："只要你有足够的爱心，保持尊重和宽容的心态，你就可以成为全世界最有影响力的人。"是的，没有人会拒绝一个宽容的女人，也没有人不愿与宽容的女人做朋友。因为但凡有宽容胸襟的女人，其心中必然是温暖和风，清风明月，全无半点瑕疵、晦暗的东西。

我们必须承认很多事要做到宽容很难，因为活在这个世界上，不管我们愿意与否，都会经历这样那样的不如意。亲友感情不睦，邻居相处不和谐，同事之间不团结，朋友之间的误会，都有可能使人陷入悲伤、痛苦的感情沼泽，气愤、怨憎的情绪也会随之滋生。人在憎恨别人的同时，也在自己的心灵深处种下了一粒苦果，不断地伤害着自己的身心健康，而且面对大小琐事，倘一一计较，便会心累至极。不分昼夜地因他人而生气，待心情回转过来，再去作一番分析，便会发现原属不值，亦不必。因此，应以宽容的态度谅解别人的过错，消除彼此之间的误会，化解矛盾，使自己始终保持舒畅的心情去面对生活与工作。

当一个人懂得了宽容的意义时，必定会获得一份从容和超然，为自己的命运打开崭新的局面。

夏蒂妮已经76岁了，她做梦也没有想到，在她孤零零地度过了40年时光后的今天，还能如此幸福地享受到人世间最为美好的天伦之乐。

夏蒂妮曾经有一个儿子小约翰，可是在他17岁那年，由于一次意外，被一群游荡社会的坏孩子乱刀砍死了。那段时间，她很悲伤，心中也充满了仇恨，每一次看到那些衣着不整、叼着烟卷、穿街走巷、狂歌猛喊，甚至脏话连篇的坏孩子，她都有冲过去撕烂他们的冲动，这样让她陷入了更深的痛苦旋涡中。

后来，在一次“拯救灵魂”的公益活动中，她碰到了保罗，那时他已是一个老得几乎走不动的老牧师了。保罗看到眼含忧郁的夏蒂妮后，便颤颤巍巍地向她走了过来，并对她说：“你的事情我都听说了，怨恨是解决不了问题的，而且你知道吗，这些孩子也非常可怜，因为父母过早地抛弃了他们，社会也用有色眼镜看待他们，他们多数人自从出生的那天起便没有再尝到过什么是温情，更不知道什么是爱！”

夏蒂妮愤愤地说：“可是，他们夺走了我的约翰！”

“那也许是个意外，放下这些怨恨吧，如果你愿意，也许他们都会成为您的小约翰的！”

夏蒂妮听从保罗的建议，参加了“拯救灵魂”的团体。她每个月都要抽出两天时间去附近的一家少年犯罪中心，试着接近这些曾经让她深恶痛绝的孩子。开始时固然有些不自在，可通过一段时间的交流后，她发现，这些孩子确实不像他们所表现的那样坏。他们渴望爱，渴望温情，有的甚至渴望叫谁一声“妈妈”。

于是夏蒂妮像这个组织的其他成员一样，认了其中的两个黑人孩子作为自己的孩子。每个月她都要带上自己做得最拿手的食物去看他们两次。就这样，两年过去了，当她的这两个孩子离开之后，她又认领下两个……

直到现在，她已经认下了20多个孩子。他们每个人都从她那里得到了一种不是母爱却胜似母爱的情感，而她也从他们的身上找到了小约翰的影子。他们即使重新回到社会，也从没有间断过与夏蒂妮的联系，他们会定期地到家里来看望她，帮她做家务，然后与她一起共进午餐，看电视……

夏蒂妮说："我从没有像现在这样幸福过。"她不但用她的爱心从更深的地方挽救了这些孩子，更找到了她应得的天伦之乐。

宽容是一个女人成熟的标志。生活中，难免有一些摩擦。遇事学会换会思考，就能找到宽容的理由。比如在大街上发生诸如自行车碰撞，或你的脚踩了他的鞋之类的琐事，彼此相互点点头，以示歉意，随后各奔东西。工作中有些误会，也应该抱着宽容的态度去体谅别人，理解别人。如果你能以一种宽容的眼光去看待世界，你会觉得绿水青山、碧云蓝天无一不是令人赏心悦目的景色。

宽容，表明你有大海般的胸怀，蓝天般的度量。懂得宽容的女人，是仁慈的，智慧的。她总能使一些猜忌和误会消失于无形，由此避免无谓的冲突和由此带来的不良后果。

宽容的女人好比夏日的阳光，可以融化别人心里的冰雪。她不会因为愤怒而伤害到自己，也不会因为生气来惩罚自己。

宽容的女人是智者。遇事便大喊大叫，只会令人生厌。宽容是信心，动辄发火、与人争吵不休的女人，其实是没底气的表现。一个心胸狭小，对周围的人戒备森严、处处提防、不能宽大为怀的女人，必然会因孤独而陷于痛苦之中。而宽宏大量、与人为善、宽容待人、能主动为他人着想、肯关心和帮助别人的人，则讨人喜欢，被人接纳，受人尊重，充满魅力。

在人生的道路上，我们不妨学着豁达一点，宽容一些，女性朋友们可以试着从以下方面入手。

1. 学着理解别人

当发生什么意外的事情时，不妨设身处地地站在别人的角度来思考一下，这样你或许会发现自己也应该承担一半的责任。学着理解别人，体会他们的苦衷，你的抱怨和烦恼就会少很多。

2. 保持乐观

一个悲观的人总是很容易想到事情不好的一面，而且心情比较压抑和郁闷，所以总会对别人不满或者生气。虽然有的人平时很好，可是一旦遇到什么事情就悲观起来，这也不算真正的乐观。真正的乐观不论在什么时候，都可以给自己和他人鼓励和希望。

3. 不要斤斤计较

斤斤计较，不但会让别人觉得你是个小肚鸡肠的人，还会让你的内心处于纠结、烦闷的状态。

4. 放开眼光

不要老是把眼光放在自己的小圈子里，要学着把眼光放长远一点。一个人要想真正实现自己的价值，仅仅局限在自己的小圈子里是不行的，必须发掘自己的潜能，为他人、为社会做出一点贡献。一个有全局意识和集体意识的人才会真正得到大家的认可和尊重。

心|灵|寄|语 HEARTWARMING

懂得宽容的女性，可以拥有宽广的胸怀，可以生活得自在，可以有最知心的朋友。如果说温柔、贤惠、矜持是女性应该拥有的美德，那么再加上宽容，会让一个女性更加出色。宽容的女性一般都温柔，她们为人懂得谦让，对人体贴，凡事能替别人着想，不对得罪自己的人步步紧逼，能够化解任何矛盾。这样的女性更容易博得人们的钟情和喜爱。宽容的女性婚姻会更美满，家庭会更幸福，生活会更充实，更有意义。

施恩感恩，让生命接受爱的洗礼

幸福的女人都是懂得施恩感恩的人。施恩感恩能让你的人生充满温暖的阳光。

你感恩生活，生活将赐予你灿烂的阳光；你若不晓感恩，只知一味地怨天尤人，最终将一无所有！感恩使我们在失败时看到差距，在不幸时得到慰藉，获得温暖，激发我们挑战困难的勇气，进而获取前进的动力。中国也有句俗话说："受人滴水之恩，当涌泉相报。"一个人就像一滴水，社会就像一片海，没有海的支撑便产生不了璀璨的浪花。

如果你感恩，恩惠会源源不断，如果不感恩，再多的恩惠也将枯竭。施恩感恩，是为人的最高品质。在物欲横流的生活中，如果你没有一颗施恩感恩的心，必然迷失方向。施恩者不图报，是一种高尚的美德。施恩者所以不望报，是认识到了施恩只是履行应尽的责任，应尽的义务，应做的奉献；而世界就是那么奇妙，有时候，你的付出，冥冥之中，竟会得到意想不到的回报！被施恩者知报，也是人的一种高尚的美德。一草一木，皆为生物；一禽一兽，皆有感情。作为万物之灵的人类，是否应该常常的反思一下，自己是否太自私了？自己是否对这个世界投入了爱心？只有这样，这个世界才能变得美好。

马丽是名牌大学毕业的高材生。两年前，她进入某金融公司工作。公司并没有因为她是名校毕业生的原因安排她到重要岗位，而是安排

在了一般岗位。同事们也没给她名牌大学生应有的待遇。

“马丽，帮我拿个档案袋！”

“马丽，你过来看看我的电脑，怎么老是死机啊”

“马丽，你帮我带一份快餐”

……

好像大家都把她当勤杂工使用了。即便如此，马丽没有抱怨，总是笑呵呵地答应，并给人迅速办好。有了这样一个女孩，大家都轻松了很多，以后出差、学习的活全让给了她。有人会问马丽：“所有的活都交给你，你能接受吗？”。马丽说：“能有一份工作，我已经很知足了，我是带着一种感恩的心在工作，所以不觉得什么啊！”这样，她几乎每天都要加班，周末也不例外，甚至比公司的领导们还忙。两年过去了，马丽俨然成了公司里的万事通，别的部门遇到难题，也会想到她。尽管有点累，但她心里总是暖暖的。而她也学到了很多东西，了解了本部门之外的很多事情，是一个不折不扣的全才。

后来，公司推出竞争上岗，马丽被提拔成为部门经理。

生活中，有些人不知道施恩感恩，把太多的事情看成为理所当然，因此心中毫无施恩感恩的念头。既然是当然的，何必施恩感恩呢？她们应该有权利得到。正是因为有这样的心态，才使她们在工作中或生活中感觉不到一点快乐。满怀一颗施恩感恩的心去工作、去生活吧，你会发现人生是那么美好，再苦再累也能获得无限快乐。

感恩是一种生活态度，是一种善于发现美并欣赏美的道德情操。一个家庭，妻子要感谢婆婆生养了自己的丈夫，要感谢丈夫给予的温暖的爱，并真心回报他们；一个单位，员工要感念上司的关心与支持，认真工作，全力以赴；对父母心存感恩，因为他们给予我生命，让我们健康长成，每一次次牵扶，让我们放飞理想；对老师心存感恩，因为他们给了我们教诲，让我们抛却愚昧，懂得思考，在工作的历程中实现自我；对兄弟姐妹心存感恩，因为他们让我们知道，在这尘世间，有人可以和我们血脉相连；对朋友心存感恩，因为他们给了我们友爱，让我们感受到了友谊的温情。感恩，就是感谢那些曾帮助过我们的人，他们用温暖的心灯让我们发现生命是如此丰厚而富有；感谢肯接受我们帮助的人，他们用淡淡的柔弱让我们可以把这份良善续延……总之，生活中、工作中，我们有太多的人需要感谢。

人生中，只有感恩还不够，我们还要懂得向别人施恩。施恩犹如心灵的泉水，源源不断，它滋润心田，免于干涸；它让生命充满生机，洋溢朝气，遍洒阳光。

施恩感恩是爱的别称。施恩感恩，是值得你用一生去珍视的一次爱的洗礼。施恩感恩，是值得你用一生去传递的爱。施恩感恩，让生活充满阳光，让世界充满温馨。当爱情被播种到婚姻的土地里时，爱情一定会有一个破壳变形的过程，直到它化为别名，长出一棵名为“感恩”的树。如果感恩树的成长彻底剥离了“应该”的硬壳，剩下的就是开花结果，天长地久。

在生活中，如果每个人都不忘施恩感恩，那么，人与人之间的关系就会变得更加和谐、更加亲切。我们自身也会因为这种施恩感恩之心的存在而变得更加愉快和健康。如果我们经常拥有一颗施恩感恩的心，善于发现事物的美好，感受平凡中的美丽，那我们就会以坦荡的心境、开阔的胸怀来应付生活中的酸甜苦辣，让原本平淡的生活焕发出迷人的光彩。

心|灵|寄|语　HEARTWARMING

感恩首先需要知恩。只有那些能够体会恩情的女人，才会懂得感恩。感受他人的恩情，先得自己心有阳光，上善若水，人世间的一切恩情源于善念。要知人之恩，须善眼看事情，知恩当思报偿，滴水之恩，报以涌泉。真正的报恩是美好情操的传承，是真诚与善良延续，是事业心和责任感的弘扬，是人生幸福的阶梯。

乐于分享，用爱撒播幸福的种子

古龙曾说过："快乐不是件奇怪的东西，绝不因为你分给了别人而减少。有时你分给别人的越多，自己得到的也就越多。"幸福与快乐其实是一样的，当人自己幸福的时候，将幸福与大家分享、传播出去，你将得到更多的幸福。

如果你拥有一个苹果，跟别人交换后，你拥有的依然是一个。如果你有一份幸福，跟别人交换以后，你得到的就是两份幸福。

我们都只不过是凡尘中人，能够改变我们这些凡夫俗子人生的往往不是豪言壮语、香车别墅，而是幸福的点滴分享。与别人分享幸福的喜悦，不但给别人干涸的土地灌溉了甘泉，也给自己的内心增添了一种色彩。

人在分享幸福的时候会品尝到双方的甜蜜，让分享到的幸福成为久久萦绕在心头的美妙滋味。每一次的分享，无论是对方还是自己都会有新的人生感悟和幸福启示，这种人生的感悟和启示会化作对自身的帮助，促使我们迅速成长并破茧成蝶。

两个小女孩是邻居，虽然近在咫尺，她们却互不相识。生性活泼的孩子都很想结识对方，一同玩耍，可是用什么办法来接近对方呢？冒昧地闯过去未免有些唐突。

小女孩A向妈妈说出了心中的困惑，妈妈微笑着说："你最爱的东西是什么？只要你肯拿出你最喜欢的东西和别人一同去玩，其他人肯定会乐于和你交朋友的。”

小女孩A听了妈妈的话后赶忙跑到自己的卧室里，抱起了心爱的洋娃娃跑去找小女孩B一同分享。刚跑到家门口，就看到小女孩B手捧着糖果怯生生地对她说：“这是我最喜欢吃的糖果，我特意拿过来和你一起吃，你愿意做我的朋友吗？”

小女孩A使劲地点点头，并且高举手中的洋娃娃说：“这是我最爱的玩具，和你一起玩，让我们成为好朋友吧！”

小女孩B开心地笑了。于是两个小孩共同分享着糖果和玩具，玩得不亦乐乎，她们成了真正的朋友。

我们在分享幸福的时候可以收获更多的朋友。薄伽丘说过：“友谊是慷慨、荣誉的最贤惠的母亲，是感激和仁慈的姐妹，是憎恨和贪婪的死敌；它时时刻刻都准备舍己为人，而且完全出于自愿，不用他人恳求。”现在的社会中，一个人需要用朋友来缓解压力，释放心情，可是朋友是难能可贵的，怎样才能拥有更多的友情呢？分享幸福就是一条捷径。懂得分享幸福的人真诚善良，通过与别人交流幸福来维护真情，巩固情谊。

小夏和小秋是一对无话不谈的好朋友，她们经常在一起分享幸福和快乐。

“你知道吗？我最近发现练习瑜伽可以陶冶情操、减轻压力，我几乎每天下班都去练习一会儿，练完后我会发现整个人神清气爽，无论做家务还是干工作都信心百倍，力气十足。”小夏满脸兴奋地对着小秋说。

“真的啊？我一直想找一个适合我的运动项目，这下可好了，我明天就去报瑜伽班。”小秋为终于找到适合自己的运动而快乐地说道。

过了几天，小秋在网络上对小夏说：“我找到一本对女人塑造人生观有益的书，一会儿我就将电子版给你传过去。”

看过小秋传送的书籍后，小夏顿时感到在书中获取了在人生道路上前行的力量。

人只有在生活中与他人分享自己的幸福，才会让自己的幸福快速地增长。当我们让分享成为一种习惯的时候，你就会收获别人的体验，汲取更多的资源。

在日新月异的时代，你是否还在独自探索和耕耘幸福的土地？如果这个时候能够有人和你一起分享自己的幸福，你会发现通往幸福的更多路径，从而省去寻找环节，径直前行。当分享成为一种习惯的时候，我们就会不自觉地发现，原来大家分享的不仅是幸福本身，而是制造幸福、取得幸福的方法，将这种方法套用到自己身上，幸福就会不期而至。

心|灵|寄|语 —— HEARTWARMING

小小的分享构成了永恒的幸福。懂得分

享的情侣，爱情永不会褪色，因为共同拥有太多快乐与悲伤交织的回忆。在分享的氛围中长大的孩子，心不会离父母太远，因为家庭的温暖串起他成长的快乐。懂得分享的人更容易成功，因为他能够在团队的凝聚力中汲取无穷的力量。分享，让各种感情都随着岁月历久弥香。

大爱无疆，具有兼济天下的胸怀

天下女人的爱，无论是亲情、友情，还是爱情等其他情感，都渗透着一种博爱。女人的博爱是伟大的，女人的博爱是无私的，女人的博爱是崇高的，女人的博爱也是神圣的。正是这种博爱，给世界换了一张崭新的面孔，同时也让自己的人生从此与众不同。

法国启蒙思想家强调平等、自由、博爱。博爱实际上不仅是一种社会伦理，更重要的，它还是一种让你人生更快乐的法则和心态。只有博爱的女人，才能胸襟开阔，才能真正做到待人热情、友善，乐于助人，才能在社会交往中永立不败之地。

美国思想家、文学家、诗人爱默生说：“博爱将给这个可怕的旧世界一张新面孔。我们像一个陌生的敌人在这个世界里已经生活得太久了。”你是否明白？如果我们希望自己和人们生活得更幸福，那么，就必须求助于一种更伟大、更仁慈的力量——博爱的力量。

下面我们读一读海伦·凯勒的故事吧：

1881年，在美国亚拉巴马州的塔斯甘比亚镇，一个刚两岁的女婴在一次高烧后，永久地失去了视力和听力，处于双重孤独之中。这个女孩就是海伦·凯勒。

到了读书的年龄，母亲给海伦请了家庭教师莎莉文小姐。开始，海伦总搞恶作剧，比如把老师锁在楼上。但莎莉文老师好像并不记得这些，不厌其烦地引诱她从每一件东西的名称慢慢学起。一天早晨，海伦在花园里摘了几朵早开的紫罗兰送给老师。莎莉文小姐用胳膊轻轻地搂着她，在她手上写了几个字，传达老师爱她的意思。海伦那时还很小，除了能触摸到的东西外，几乎什么都不懂。她问："爱是什么？"莎莉文老师搂紧海伦，用手指着她的心说："爱在这里。"海伦第一次感到了心脏的跳动，但依然迷惑不解，又用手势问道："爱是不是太阳？"莎莉文老师回答说："爱有点儿像太阳没出来以前天空中的云彩。"接着，她解释说，虽然云彩摸不到，但你能感觉到雨水。爱也是摸不着的，但你能感到她带来的甜蜜。没有爱，你就不快活，也不想玩了。海伦明白了其中的道理。

年龄再大一些，莎莉文老师经常在户外教海伦读书、学习，世界万物都是可供她学习的东西，都能给她以启迪。从此，毛茸茸的小鸡、绽开的野花、木棉，微风吹过玉米田发出的飒飒声，小马嘴里发出的青草气息，都深深的烙记在海伦幼小的爱的心田里生根发芽了。

后来，集盲聋哑于一身的海伦毕业于哈佛大学，并以爱心焕发的生命力量四处奔走，创建一家家慈善机构，让身边的残疾人免遭痛苦。同时，海伦还将自己所经历的痛苦和幸福记录下来，以勉励后世之人。她那本记载着自己生命故事的《假如给我三天光明》总能给我们无穷的震撼和力量。在这本书里，海伦想象自己如果有三天的光明，将通通地献给别人，甚至去森林中看一朵小花，抚摩它柔弱的叶脉。

海伦是一个独特的生命个体，可以说，是博爱给了她第二次生命。

如果有人问你：“女人最大的财富是什么？”你会如何回答？你可能说是善良，可能说是美貌等等。但我认为，博爱才能称为女人最大的财富。海伦·凯勒的博爱使她一心想着他人，并成就了后来人不可企及的精神高度。她给我们带来了心灵的财富！

那么，一个女人，如何才能做到博爱呢？女人的博爱往往体现在对丈夫的体贴、对孩子疼爱、对朋友的关怀、对同事的帮助、对陌生人的友善、对社会对人类的贡献等方面。

第一，对于丈夫，女人依靠起来往往像依靠父亲，疼爱起来却像孩子。当充满浪漫色彩的爱情变成锅碗瓢盆交响乐的时候，虽然生活日趋平淡，但是取代浪漫激情的却是那亲密无间的亲情，夫妻都成了家庭不可分割的一部分，彼此依赖，彼此关怀，彼此爱护。

第二，对于孩子，母爱是天职，“慈母手中线，游子身上衣。”这句古诗是最能说明母爱的伟大了。每一个人，无论你走到哪里，只要你离不开衣服，你就离不开母爱。母爱是一种原始的爱，是本能的爱，是一个女人有生俱来的本性。

第三，对于朋友，交往中，如果是同性朋友，那是互相的关照，姐妹之间都会用不同的方式表现出女性的爱；如果是异性朋友，女性则要很好地把握尺度和距离，注意语言深浅的表达，距离远近的保持，和交往的密切程度，使男人不会有非分之想，在关键的时刻熄灭自己的欲火，把你当作人生知己看待，既不失朋友间的亲密无间，又保留了那纯洁的友情。

第四，对于同事，其实和同事在一起的有效时间要比和丈夫在一起的时间多，那是每天必保的八小时。而夫妻去除睡觉的时间，很难在一起呆上八小时的。工作中女人比男人更能任劳任怨，吃苦耐劳，且她们游刃有余，会成为男同事之间的调和剂。

第五，对于陌生人，尽管素不相识，在别人需要的时候，如果你能伸出温暖的手，帮助他们渡过难关，那么，你的博爱之心将会给他们带来新的希望！

第六，对于社会，如果你懂得奉献，那将是大爱无疆的做法。社会需要有博爱之心的人。如果社会缺乏博爱，那么，我们的世界将会变得非常可怕。正是有了那些具有博爱之心的人，我们的社会才更好美好、更加和谐、更加有凝聚力和感染力。

总之，有女人的地方就有爱的存在，有女人的地方就是温暖的地方，有女人的地方就是幸福的地方。做一个博爱的女人吧，相信你能给面前的世界换一张新的面孔！

心｜灵｜寄｜语 —— HEARTWARMING

人来到这个世界上，心中都会存在这样或那样的爱，或与亲人之间的爱，或与朋友之间的爱，或与爱人之间的爱等等。一个人，如果没有爱，那她的人生该是多么孤独与寂寞啊！她的生存还有什么价值呢？因此，每个人都应该心中有爱，都应该选择博爱，用一颗真诚而热忱的心去关心身边的每一个人和每一件事，把自己的全部身心都用于对世界的关注、对社会的奉献和对生活、工作的热爱上。

第六章

Chapter Six

懂得取舍

别让得失扰乱了心灵

看淡得失，才能卸下命运中的沉重枷锁。要相信，该得到的一定会得到，该失去的也终将无法挽回。过分看重得失，只能让自己更痛苦。谁能说这一次的失去，不是为了下一次的得到呢？

松开手，你将获得更大的自由

放弃，意味着失去，不少人都不愿意放弃自己手中的一切，明明知道做错了事情，却碍于面子，死也不肯承认错误；明明那个人不喜欢自己，却依然坚持对他的爱……

可是，有一天，我们忽然惊觉：我们的忧郁、无聊、困惑、无奈、一切不快乐，都和我们的不放手有关，我们之所以不快乐，是我们渴望拥有的东西太多了，或者太执著了，不知不觉，坚持变成了盲目的固执与任性，丧失了理智。其实，松开手，你将会获得更大的自由与快乐。

有一位婆罗门，两手拿了两个花瓶，来到佛祖的面前，想把这两个花瓶献给佛祖。

佛祖对婆罗门说："放下！"

婆罗门把他左手拿的那个花瓶放下。

佛祖又说："放下！"

婆罗门又把他右手拿的那个花瓶放下。

然而，佛祖还是对他说："放下！"

这时婆罗门说："我已经两手空空，没有什么可以再放下了，请问现在你要我放下什么？"

佛祖说："我并没有叫你放下你的花瓶，我要你放下的是你的六根、六尘和六识。当你把这些统统放下，就什么牵挂也没有了，你将从生死的桎梏中解脱出来。"

婆罗门抓了抓自己的脑袋，心想：我真愚昧啊！我到这里来的目的正是为了这个"放下"，为了精神的解脱。

他终于悟到了"放下"的真义——"放下"心中的一切贪欲、愤恨和妄想，松开手，才能真正地快乐自在。

也许在有些人眼里，坚持是一种精神、一种征服的力量。但是，太多的坚持会带来更多的麻烦，徒增伤害，生活百味，何必苦守？学会放手才能得到生活的真谛。

因此，女人不仅要学会如何拥有，还要学会放弃。或许你正在为无法抉择而犹豫不定，或许正在被困境侵扰而焦灼不安，或许正因为心灵羁绊而黯然神伤，或许正由于外物得失而懊悔不已……此时，不如淡定从容一点儿，学会放弃。

大千世界，取与弃是相互伴随的，有所弃才有所取。学会放弃，本身就是一种淘汰、一种选择，是为了更好地获取。正如一句话所说："当你紧握双手，里面什么也没有；当你打开双手，世界就在你手中。"

奔波于职场和家庭，人的精力是非常有限的。因此，我们要学着淡定从容一点，学会智慧地放弃，这是衡量一个人是否成熟的重要标准。

什么是应该放弃的？放弃浪费时间和精力的争吵、放弃没完没了的解释；放弃失恋带来的痛楚、放弃屈辱留下的仇恨、放弃心中所有难言的负荷；放弃对权力的角逐、放弃对金钱的贪欲、放弃对名利的争夺；放弃不切实际的幻想、放弃没有价值的索取和难以实现的目标……

作为一个作家、一个投资人和一个地产投资顾问，爱琳·詹姆丝在这个领域努力奋斗了十几年，密密麻麻的事宜日程塞满了她生活的每一分钟，令她的生活忙碌而紧张，情绪整天紧绷着。一天，她做出了一个决定：摒弃一些东西。

于是，爱琳·詹姆丝着手开始列出一个清单，她把需要从她的工作中删除的事情都排列出来，然后采取了一系列"大胆的"行动。她把堆积在桌子上的所有没用的杂志和信件全部清除掉，取消了一大部分不是必要的电话预约，她打电话给一些朋友取消了每周两次为了拓展人际关系的聚会。

通过这些有选择的舍弃，爱琳·詹姆丝忽然感觉自己不再那么忙碌了，还有了更多的时间陪家人，有了更多的思考时间。因为睡眠时间充足，心态变轻松了，她的工作效率得到了很大的提高，身体状况也变得好了很多。

爱琳·詹姆丝感叹道："从来没有像今天这个时代让人类拥有如此多的东西，这些年来我们也一直被诱导着，使得我们误认为我们需要拥有这一切的东西，而事实上很多东西都是生活的累赘。"

这个故事告诉我们，面对纷繁复杂的世界和物欲横流的社会，要学会放弃才会有所选择。一旦放弃了那些纠结你的想法和事情，内心便平和了，每天都会有快乐和愉悦的心情，把握幸福生活的钥匙和成功的机遇。

心｜灵｜寄｜语 —— HEARTWARMING

春光美丽，秋阳也灿烂，你不能同时拥有。学会放弃，纵有千般不愿、万般不忍。放弃一点儿，你就离“笨女人”远一点儿，离“聪明女人”近一点儿；放弃一点儿，你就离痛苦远一点儿，离快乐近一点儿。

不纠结，淡看人生的得与失

世间的人和事大多都处在矛盾之中。正确与错误、成功与失败、快乐与悲伤，每个人都深陷其中。想要得到正面的，抛弃负面的，但却始终难以如愿。所以，人们往往在“得”与“失”中纠结，频繁地计算自己得到了多少，又失去了多少。竭尽全力想要在“得”与“失”之间找到平衡。然而，很多时候，正因为太过在乎，才会令自己迷失方向或者畏缩不前。

没有人不想得到更多正面的、对自己有利的东西，也没有人愿意失去手中紧握的东西。但是否所有人都能够意识到，当得到一件东西的时候，正在失去得到另一件东西的机会。得到与失去，本就是一对同时存在的矛盾体。得到的同时意味着失去，失去的同时也意味着得到。没有永恒的“得”，亦没有永恒的“失”。

女人的心思缜密、细腻，也就容易陷入“得”与“失”的权衡。适当的思考是必要的，但如果一味地算计得失，也许会连之前得到的那部分都失去。当然也不能患得患失，停在原地是没有任何意义的。看淡得失，才能卸下命运中的沉重枷锁。要相信，该得到的一定会得到，该失去的也终将无法挽回。过分看重得失，只能让自己更痛苦。谁能说这一次的失去，不是为了下一次的得到呢？

在生活中，很多人都会有一种“担心得不到，得到了又怕失去”的复杂心情。一件精致的物品、一份渴望的工作、一个心爱的人，都会令她们不知所措。但不管最终的结果是得到还是失去，都要保持一份释然的心态。

古人说：世事如庭前花，花开也有花落，又如天边云，云舒也有云卷，何必患得患失，终日萦挂于怀呢？每个人都想拥有更多的东西，但所能得到的终究是有限的。如果过分看重得失，注定会在患得患失中迷失方向。

李楠在一家贸易公司担任中层管理者的职位，为了能升职加薪，她花费了整整两年时间。期间，不断地权衡自己的得失，一路上走得小心翼翼。每天都在计算自己为了目标又迈进了多少，获得了多少资历和机会，同时也在害怕失去现有的资源和优势。结果，养成了一种挑剔的工作习惯。领导分派的任务，只有她觉得对自己有帮助的，才会积极去完成。而那些她觉得没有多少作用的事，便应付了事。有好几次，在她认为并不那么重要的事情上犯了错，被领导逮个正着。于是，升职加薪的事自然也就遥遥无期了。

得失，是人生永恒的主题。每时每刻，每分每秒，时间在流逝，而我们手中紧握着的命运，也在不断地夺走我们所拥有的东西。时间、金钱、青春、机遇、爱人，不管我们是否得到了多少，都在不停地面对得失。

很多时候，失去也是为了拥有更多得到的机会，这未尝不是一件好事。所以，我们大可不必太在意失去了什么，不妨更多地想一想失去之后的路。曾看到过一个小故事：

有一个人担着两筐茶壶去集市上卖，在经过山坡时，几个茶壶从筐子里掉出来，摔碎了。这个人停下来绑紧了筐子，头也不回地向前走。路边有人不解，提醒他说，你的茶壶碎了好几个，还不赶快看看。这人回答说，既然已经碎了，看又有什么用呢？也不会再恢复原状。还不如继续赶路。听者恍然大悟，其中的道理不言自明。

已经碎了的茶壶注定没有办法复原，那么不如继续向前走。如果停下来，最多也只是长吁短叹地懊悔一番，并没有什么实际的意义。生活中，也会时常遇到类似的事情，但果断地选择继续向前走的人，却并不多见。

某次，在海边遇到一个很失落的女孩，她说自己手腕上戴着的手链不小心掉进了海里。我说，这里的水比较深，那么小的东西，想要再找回来已经不太可能，如果不是很贵重的东西，还是算了。她点着头，说并不是贵重的东西，只是普通的一件饰品，但看样子并不甘心。在附近走来走去，不愿离去。忽然，她像是记起了什么，看了下时间，说了句“不好，要迟到了”，才匆匆离开。

如果失去的东西已经没有办法再挽回，又何苦让自己徘徊在原地。曾经拥有过的种种，让它们随风而逝吧。遗忘已经不属于自己的东西，才能看到即将得到的所有。

按照佛家的理论，得失只不过是一场梦幻空华而已。什么悲喜，什么爱恨，什么成败，什么对错，最终还是什么都没有。所以，得失之心，不过是自我束缚、自寻烦恼而产生的，所谓的“万法自闲人自闹”。只要放下了得失之心，就能清静自守，恢复自我的本性。而生活中，虽然并不是人人都热衷听佛法、讲佛理，但其中的道理却是实在的。

一位好友的 QQ 签名里一直写着：记住该记住的，忘记该忘记的，改变能改变的，接受不能改变的。她说，她一直在试图做到这一点。不想太过看重自己的得失，得到了就欣然接受，不兴奋也不骄傲，失去了就挥挥手，向溜掉的东西说拜拜。这个世间，没有什么是非要得到不可的，也没有什么是不能失去的。任何一件东西或者任何一个人，你能否拥有，都不是决定性的，总可以有替代品，命运不会赐予你所有，同样也不会剥夺你的所有。

每次去海边，都喜欢在沙滩上握一把沙子，看着那些细小的颗粒慢慢地从指缝中滑落，然后告诉自己，这便是时光，便是生活，便是人生。能够抓住更多沙子的方法，不是尽可能多抓一些，而是要尽可能掌握一分不多一分也不少的境界，刚好能够让它们老老实实地被握在手里，不抖也不晃。可见，想要抓住更多沙子，必须要失去多余的那部分。那些看似能够被抓住，却最终将会滑落的部分。通常，这部分便是人生中的失去。如果过分地将精力都放在原本注定会失去的部分，就容易舍弃正确的方向。

舍得失去，便会拥有更多得到的机会。所以，能够真正放下得失心的女人，才能获得更多回报。古人说：得之吾幸，失之吾命。并不是悲观的认命，而是告诉我们，生命中的追求有很多种，追到了是自己的幸运，追不到也是一种命运，得到与失去是成正比的，无需为一时的得到感到骄傲，也无需为一时的失去感到悲伤。淡定地面对“得”与“失”，将会在人生之路上经历更多的美景。

心｜灵｜寄｜语 —— HEARTWARMING

太过计较得失，便容易得不偿失。与其心思缜密、算计细微，不如豁达豪爽，不执迷于得到，也不惧怕失去。将“得”与“失”看得淡然一些，轻松地面对人生，才能真正获得自己想要的生活。

学会选择，你的人生是自己走出来的

在我们的一生中，最重要的要学会什么？有人说要学会一项技能，有人说要学会一门语言，也有的人说要学会赚钱。事实上，最重要的就是学会选择，从大事到小事，我们无时无刻不在进行着选择。

你究竟是要选择娇艳怒放的玫瑰，还是清香淡雅的茉莉？你是要选择浪漫四溢的爱情，还是工作中的成就？你是选择家庭生活的温馨，还是选择事业上的成功？……这一个又一个的选择，决定了人的一生是幸福或挫折。

爱默生曾经说过："一个人怎么样思想，他就是怎么样的人；一个人做何种选择，他就是何种人！"很显然，这种选择就是给自己寻找前进的方向、为自己把握人生命运，需要一定的智慧和勇气。

在这一点上，那些伟人们的经历值得我们去借鉴。比如，如果当年的鲁迅不选择弃医从文，就不会成为文学巨匠；如果贝多芬不选择音乐创作，就不会为后世留下那么多不朽的旋律；如果霍金不选择天文物理，也就不会写出《时间简史》这一伟大著作。

河南省林州市临淇镇位于太行山深处，有一名22岁的女教师叫王梅香，是石门村教学点唯一的老师，她一个人支撑了这个学校6年，只为了村里上学的孩子们，还因此错过了很多姻缘。

在上小学三年级的时候，王梅香学习成绩特别好，当时，她的老师有一次问她："如果有一天老师走了，你愿不愿意做一名老师？"王梅香点了点头。后来老师真的走了，接任的老师也一个接一个走了。2000年，王梅香初中快毕业的时候，她意识到如果自己不接手，这个学校也许真的要散了。"我觉得我应该对得起我的承诺。"王梅香说。然后她成了这所学校唯一的老师。

最初，学校就是3间破旧的石头房子，由于年久失修，石头连接处的水泥多处脱落，窗户没有玻璃，屋顶部分瓦片破碎。因为担心教室随时可能倒塌，王梅香就领着孩子们到野外上课，野外上课一遇风雨，他们就只能钻进山洞里，最后，她又把学校落在了自己家里。

外出打工的儿时伙伴回乡时纷纷讲述外面多姿多彩的世界，劝说王梅香也跟着他们走出大山，王梅香心动了。对她来说，外面的世界可能有改变自己命运的机会，但为了孩子们，她彻底放弃了，还要求未来的老公一定要留在大山里。

现在山里的人都争着往外面跑，谁也不愿意留在这大山里，因此，尽管王梅香漂亮能干，但很多年轻小伙子都望而却步，直到一个叫张云强的男人出现。最后，由于她兢兢业业、无私奉献，王梅香的故事在当地广为流传，大家都称呼她"中国最美的乡村女教师"。

由此可见，不同的选择，便有了不同的人生。一种选择会是一种活法，一种选择会换回许多种体会。我们都应该珍惜自己的选择，让自己的人生属于自己，

而不是交由别人来决定。

如果你想让自己的人生与众不同，如果你想在芸芸众生之中脱颖而出，如果你想实现自己的人生价值和生活梦想，那么请记住决定你一生的两个字——选择！为自己做对人生中的每一道选择题。

接下来的问题是，如何知道自己想要什么，什么才是适合自己的？还有，你到底该走什么样的路？

现代社会的快节奏、高压力，让我们无暇放缓脚步去感受和思考。而传媒和周围的喧嚣、太多的诱惑，又会扰乱我们的判断。选择的机会越多，自己越没有主意，因此，面对选择时我们需要掌握一定的技巧。

1. 了解自己的真实想法

这是人生选择的基础课。找个地方安静地坐着或躺着，闭上眼睛，静静地倾听自己的心跳一分钟，然后问问自己："什么是我最渴望的感觉？""我希望自己的生活是什么样子？""我喜欢待在什么样的地方？"......了解自己的真实想法，这是你选择的前提。

2. 收集有效的信息

运用网络、媒体，动用你全部的人际关系网去尽可能多地收集相关的信息，把你未来所有的可能性写下来，然后挨个进行调查：做这件事的人会拥有什么样的生活？做这件事自己会学到什么？结束了这个工作，你就应该有个大致的概念，明白哪些出路是你喜欢的，这样选择的范围会被大大缩小。

3. 进行可行性分析

对于那些你喜欢的选择，要认真地进行一番分析，如，你是这样的人吗？你有能力办到吗？或者你还来得及做这些事吗？做这些事的成本收益怎样？经过这一轮的分析，相信你已经找到心中的选择了。

心 | 灵 | 寄 | 语 —— HEARTWARMING

在人生的道路上，没有哪条路一定适合你，也没有哪条路一定不适合你，你的人生是自己走出来的，任何人在不同的领域都有可能创造出好成绩。那么，请你放心大胆地去选择吧！

远离虚荣，回归真实的自己

我曾在网上看过一篇阐述“优雅与金钱无关”的文章，大致是讲，作者因工作忙无暇做家务，时常会请一些钟点工。这些钟点工来自不同的区域，其中有一位阿姨给她留下了非常深刻的印象。

初见阿姨时的情景是这样的：一位中年女士，五官端正，高雅的气质由内而外地散发着。她穿着一身纯白套装，一尘不染，背着一个较大的包，脸部化着淡淡的妆，从容的微笑挂在脸上。作者平日里也是见过了不少优雅女性的，但对于这位阿姨的亮相，作者为之一震。若不是阿姨开口说明自己是钟点工，作者还以为是哪家的亲戚走错了门。

阿姨做事有条不紊，若不是受过严格的训练，想必难有如此出色的服务。进门后，她拿出自带的鞋套套上双脚，又穿上自带的外套。干活的时候，她忙而不乱，一丝不苟。早年，作者的办公地在上海闹市区的一家四星级饭店，她对酒店服务的基本知识和操作流程非常熟。看到阿姨3个小时内一刻不停地规范劳作，她打心眼里佩服。中途，她让阿姨休息会儿，阿姨婉言谢绝了，渴了就拿出自己准备的茶水喝几口。她礼貌的用语、温婉的做派，着实惹得人萌生几分怜惜。

干完活后，阿姨脱去外套，侧身拿出化妆包，修补了一下妆容。一系列不经意的举动，渗透着高贵与修养。敏感的直觉告诉作者，这一定是个有故事的人。果然，在后来的几次接触中，作者对阿姨有了更深的了解，也应验了她的猜测。

阿姨的祖上是老上海的富商，有过富足而难忘的童年。后来，因家境败落，她搬到了乡下。成年后，她在上海某知名酒店工作。正当事业蒸蒸日上时，丈夫下岗了，且罹患重病，生活难以自理。不愿看他人脸色做事的阿姨，果断选择了辞职，一心服侍丈夫。为了给丈夫治病，他们花光了家里所有的积蓄，为了兼顾病人和生活，她只好做性质相对灵活的钟点工。

月底结账时，作者给了阿姨双倍的工钱。毕竟，这是她遇到的钟点工里最出色的一个，就算是出双倍的工钱，她都觉得亏欠了阿姨。不过，阿姨没有收，她把多余的钱全部退还。作者没有再坚持，她知道这种品质的人是不能勉强的。

看着眼前的阿姨，作者不禁想起了二战时的一篇报道。纳粹战败后，一位德国高级将领的夫人和孩子被关押在一个阴暗潮湿的地下室，每人每天只有一个面包和一杯水。关押前允许他们每人从家里带走一件东西，这位夫人选择了桌上的一枝红玫瑰，并用仅有的一杯水滋养它。在德意志，红玫瑰不只代表爱情，还代表希望。

一位父亲曾告诫自己的女儿说：“无论贫困还是富贵，都要优雅地活着。”

在最艰难的日子，他也不忘周末带着女儿去公园散步，并指着不远处的一对富家父子说："那是一家公司的老总和孩子，我们过得丝毫不比他们差。"

多年后，女儿长大成人。她不追求奢华的生活，但生活是绝对的高品质；她只是普通的工薪族，却从不觉得自己比别人低贱；她极少有大牌的服装，但打扮得优雅脱俗；她从不在意外界的评价，而更关注自己是否真的开心。

想要优雅到老，有一颗宠辱不惊的心，就不要掉进虚荣的陷阱。活在世上，要懂得量力而行，适可而止。要热爱事业，但不要太功利；可追求富足，只是别沾染铜臭的气息。

生活像一杯清澈的水，贫穷富有、高贵卑微、权威名利，不过都是一剂又一剂的调味品。有人贪图虚荣，用奢华和欲望把白水熬成了苦药；有人独爱苦中作乐，用阅历把生活冲成咖啡；有人偏爱清淡，只愿细品绿茶的清香；有人简单清爽，只爱原汁原味的白水。

控制了虚荣这种人性缺陷的人，是不会被表面上的赞美和奉承所蒙蔽的，因而在生活中，她也不会轻易上当。她不会因为别人的赞美而失去自我。她不会因自我吹嘘、自我包装而招人耻笑。她会成为一个成功的、获得了真正荣誉的人。

要想控制虚荣心，需要从以下几个方面做起。

1. 正确认识自我

只要你正确认识了自己，并严格对自己做出客观、实在的评价，就不会因别人的赞美、恭维而迷失了方向，不知自己到底是谁了。事实上每个人都对自己有一定认识，并在这个认识的基础上产生一种自我评价，而清醒地看到自己的成绩和缺陷，发现自身的不足，并加以理性的克制和改正，却不是那么容易。虽说不容易，但一定要尽力做到对自身条件、自我性格有清醒认识。客观自然条件对每个人来说都有差异，我们面对事实，需要的是勇于接受现实，忍耐自然条件带来的不便和压力，趋利避害，扬长避短。人生的道路千万条，不必去钻牛角尖，要善于化腐朽为神奇，把自己的人生绘制成一幅绚丽的图画。

如果把几块长短不齐的木板箍成一只水桶，结果就会发现，木桶的储水量多少并不取决于最长的那块木板，而是取决于最短的那块。如果要使这只木桶能装更多的水，只有将最短的那块木板加长。做人也如此，既要善于发现自身的短板，勇于承认，更要善于补短。如何补短，不仅需要勤奋学习，还要注意两点：一是如黑格尔所说的“知道限制自己”；二是善于吸取别人的长处。如果想有效吸取到别人的长处，一定要低姿态，一个谦虚的人必然能博采众长，用以充实自己，还会自觉地改过从善，提高自己的修养，从而得到别人的尊重。

2. 正确地接受自我

一个人认识自我固然不易，接受自我则更难。接受自我就是对自己的本来面目抱认可、肯定的态度。一些不能接受自我的人，由于对本身的某个方面不满意，而拒绝面对真实的自我，不能如实地表现自己，竭力想把自己装扮成另外一个形象，把真正的自我隐藏在伪装的后面。这可能并非是完全有意识的，却使自己不能自然地表现自己，而必然带来沉重的心理负担。

在这个世界上，真正的强者是那种能够战胜自己的人。世界上最大、最顽固

的敌人，也就是自己。能够战胜自己的人，可以战胜一切。还是以你真实的面孔去面对每一个人，那样得来的赞誉才能终身受益。

3. 正确面对周围的人

有些人往往为他人的意见而活着，特别是他周围的人，其实，这完全没有必要。只要一个人有真才实学，即使他不刻意表现自己，也总有一天会赢得别人的尊重。

实际上周围的人的兴趣、爱好各不相同，生活习惯、语言表达方式不同，他们的判断标准不一定正确。如果能清醒地认识周围的人，就不会被他们所认可的各种各样的价值标准、审美标准所迷惑。

人们在失意时，容易遭到讽刺打击，在进取时也常常会受到讥讽和嘲笑，要生活得充实、安稳、潇洒，就要有充分的心理准备，不怕嘲笑讽刺，不怕挖苦打击。当受到别人的嘲讽时，不要用虚荣来挽救自己的面子，而要客观地分析一下，别人的嘲讽是否有道理，还应检查一下自己的行为是否正确。如果觉得自己没错，就坚持到底，用实际行动来感化和影响讽刺的人。对于恶意的嘲讽，最好的办法就是不屑一顾。在别人的嘲讽中发愤图强，在别人的嘲讽中活得有滋有味，这才是真正强者的人生。

4. 正确找准自己的位置

人生一世，谁都不甘平庸，谁都想成就一番大业，不虚此生。可是由于社会背景、机遇、智商、文化、修养等等的不同，一个人的理想或愿望，并不一定就能一一实现。其实，一个人一生的道路是很宽阔的，每个人都有各自的活法，要以个人的条件为依据，努力去追求。要站得高，看得远，不为眼前的小是小非缠住手脚，从而排除各种干扰，奔向大目标。这样才能在滚滚的商品大潮中，坚守住自我，不张狂不自满，也才能有所收益。

5. 正确把握与人对比的尺度、方向、范围和程度

从现实角度上来说，我们应该较多放眼在一个人的社会价值上的比较，而不是一个人的自我价值上的比较。例如，你可以比较一下，一个人在学校里或者工作上的地位、他在其中的作用与贡献，而不是只看到他个人工资的收入、福利待遇的高低、所付出的辛苦之类。从覆盖的方向上说，我们要立足于健康的比较而抛弃病态的比较。例如说，我们可以比较实际的业绩，比较我们的干劲，比较我们精神专注的程度，而不是贪图那些虚名。

6. 为自己树立一个正面的榜样人物，并且学会完善自我

我们可以从名人传记、名人名言中，从现实生活中，以那些脚踏实地、不图虚名、努力进取的革命领袖以及英雄人物、社会名流、学术专家为榜样，努力完善人格，做一个解放思想的人，一个实事求是的人，一个有道德的人，一个脱离了低级趣味的人，一个有益于人民的人。

总之，在我们充满诱惑也充满压力的现实生活中，摆脱虚荣心的方法有很多，在现实中我们要善于学习和把握克服虚荣心的各种方法，成为一个身心健康的人。

心｜灵｜寄｜语 HEARTWARMING

让自己的生命远离虚荣，在本真中生活。幸福的人生，就是坚守那一份真实的执着！最美的人生，就是那种蓦然回首一笑置之的淡然。

在取舍之间收获幸福

舍得，舍得，有舍才有得，先舍后得，多舍多得，不舍不得，舍即是得。这是一个看似很简单的道理，然而，要真正领悟其中的内涵并不容易，这里面渗透着人生的大智慧。许多人在爱情、婚姻、工作或生活中，有着天差地别的人生境遇，症结就在于：懂不懂得、愿不愿意舍弃一些东西。要知道，勇于舍弃，你才能寻找新的人生起跑点。

懂得取舍是一种智慧，是你获得幸福的保证。当我们无法改变一件事的时候，就要去接受它，去面对它，要拿得起，更要放得下。

面对取舍时，往往有四种情况：拿不起，放得下；拿不起，放不下；拿得起，放不下；拿得起，放得下。只有拿得起又放得下，你才能成就最完美的人生。

寺庙的横梁上有一只蜘蛛，受香火熏陶，便有了佛性。

一日，佛祖光临寺庙体察民情，解脱世人，离开寺庙时，不经意间发现了横梁上的蜘蛛。佛祖说："缘让我抬眼望你，察你有千年佛性，我便与你禅对如何？"

得与佛祖说禅论道，真是福分所致，于是蜘蛛连忙答应。

佛祖问："世间最珍贵的是什么？"蜘蛛答："得不到和已失去。"佛祖点点头，离开了。

时光飞度，又过千年。佛祖再次来与蜘蛛禅对，问道：“别来无恙，关于千年前的那个问题，有何参悟？”蜘蛛费解答道：“得不到和已失去。”佛祖说：“再悟，再见。”

又过千年，一日，大风将一滴甘露吹落到蛛网上。蜘蛛凝望甘露，见它通体晶莹，漂亮诱人，百看不厌，顿生爱意。几日间，蜘蛛的心思全被甘露所占据，爱欲情愫陡增。突然，一阵长风又将甘露从蛛网上吹走了。蜘蛛面对这突如其来的失去，顿觉肝肠寸断，愁肠苦结，寂寞难过侵占了它所有心思。这时佛祖又来问蜘蛛：“蜘蛛，千年又过，可悟出世间什么最珍贵？”蜘蛛怀想甘露，情难自禁，痛苦地对佛祖说：“还是得不到和已失去。”佛祖说：“看来你执迷又甚，那我就渡你一渡，让你到人间走一遭吧。”

于是，蜘蛛投胎到一个官宦家庭，成为富家小姐，名为蛛儿。一晃，蛛儿已到了二八年华，婀娜长成，楚楚动人。一日，京城科举，一位名叫甘鹿的俊朗才子，桂宫折冠，得中新科状元。皇帝意欲褒奖，决定在宫闱花园大摆筵宴为他庆贺，并邀来自己的掌上明珠长风公主和许多王侯将相家的妙龄少女，蛛儿也在其列。状元郎在席间大献才艺，诗词曲赋样样精通，在场少女无不心仪。蛛儿认定这是佛祖赐予她的姻缘，因此志得意满。

时日不久，蛛儿陪同母亲上香拜佛，巧遇也来上香的甘鹿及其母亲。两位母亲一见如故，相谈甚欢，蛛儿和甘鹿便也在一旁聊起天。蛛儿很激动，心想：我佛慈悲，赐此良机。可是聊天中，甘鹿对她并无爱慕情愫。蛛儿便问甘鹿："你难道不曾记得16年前，你在蛛网之上的事情了吗？"甘鹿诧异道："何来此言？莫非蛛儿姑娘在白日说梦吗？"说罢，便和母亲离开了。

蛛儿心想，佛祖既然赐我姻缘，为何不让他倾心与我，偏要消解了他前世的记忆呢？几日后，皇帝诏命新科状元甘鹿和长风公主完婚；蛛儿与太子芝草完婚。蛛儿获悉犹如万箭穿心，她百思不得其解，佛祖为何如此戏弄她。

她万念俱灰，不吃不喝，苦思穷究。就在她的灵魂快要出窍，奄奄一息时，太子芝草获报，急忙赶来，扑到床边，说道："那日，后花园偶遇，便对你一见钟情，如果你死了，那么我也就不活了。"说着即抽剑准备自刎。就在这时，佛祖来了，对蛛儿的灵魂说："蜘蛛，甘露（甘鹿）是长风（长风公主）带来的，也将随长风而去。甘鹿是属于长风的，他不过是你生命中的插曲。而太子芝草即是当年寺前的一株小草，他守候了你三千年，爱慕了你三千年，但你却从未感知过他的存在。蜘蛛，我再来问你，什么是最珍贵的？"

蜘蛛闻听真相后，大彻大悟，对佛祖说："世间最珍贵的不是'得不到'和'已失去'，而是现在能把握的幸福！"刚说完，佛祖就离开了。蛛儿醒来，看到正要自刎的芝草，马上打落宝剑，拥抱住对她一往情深的太子……

读完故事，也许有人还会为蛛儿得不到甘鹿而叹息，其实，我们不妨想一想，即便强求得到了又能如何？难有真正的幸福可言。痴痴贪念那些得不到的和已失去的，无非是自寻烦恼。

记得有一首歌是这样唱的："放弃是一首流浪的歌，低回吟唱在心头，是失意的人生充满振臂而呼的自信，使跌倒的信念重新拔地而起，使消沉的斗志面向晨曦喷薄而出，使世俗的纷争化干戈为玉帛……

感情的世界里，得不到的或是已失去的，都试着放手吧！别再苦苦折磨自己了，人生的路很长，谁也无法预知明天，也不知道未来还有谁在等着你。学会放开昨日的一切，敞开心扉迎接明天，也许幸福就在不远的地方等着你。

聪明而富有智慧的女人都懂得，无论做什么事，拿得起是一种勇气，而放得下才是获得幸福的度量。

心 | 灵 | 寄 | 语 —— HEARTWARMING

拿得起，放得下，是一个人在生命里获得幸福的一则人生智慧。拿得起，是为人处世中的刚毅、自信和执著；放得下，是一种冷静、洒脱和胸怀。

不攀比，不争抢，安心过自己的生活

《牛津格言》中说道：“如果我们仅仅想获得幸福，那很容易实现。但我们希望比别人更幸福，就会感到很难实现，因为我们对于别人的幸福的想象总是超过实际情形。”此话送给生活中那些热衷于攀比却又受困于攀比的人，再合适不过了。

从第一天进入公司开始，总监就告诉梦雅，杂志是一个时尚的行业，从思想到生活都要有敏感的嗅觉，领略时尚的气息。其实，梦雅从办公室的装修风格、同事的衣装打扮上也看出了几分，面试的那天，她看着不少时尚的女员工在眼前踱来踱去，初出茅庐的她顿时觉得，这就是她脑海里一直憧憬的职场模样。

正式入职后，梦雅心里忐忑不安，一来担心自己是新人，很多事情还不太懂；二来担心不知能否融入同事的圈子，与之有共同的话题。果然，跟同事相处了一段时间后，梦雅的心态发生了变化。每天中午休息时，总会有同事炫耀自己新做的美甲、新买的皮包、代购的大牌，这让手头本就不富裕的梦雅心里觉得很别扭，有嫉妒，有不屑，也有自卑。她看着镜子里的自己，素面朝天，装扮简单，虽然经常有人赞誉她清爽可人，但浓艳的美女似乎更容易吸引众人的眼球。

梦雅的工资只有4000块钱，除去租房、吃饭，所剩不多。为了在同事中间找到存在感，她也开始效仿着花费大手笔来买一些日用品和衣装，工资不够就刷信用卡。如此一来，整个人看起来确实不一样了，但在别人惊艳的目光里，她并没有找到预期的那种宁静和满足，反倒比从前更不自在，她觉得好像从里到外都丢了自己。

这样的日子持续了半年多，梦雅在经济和心理上都感到了压力。在最亲近的朋友面前，她吐露了自己的心声和现状，朋友笑笑，不经意地冒出一句话：“你有你的高大上，我有我的真实美，根本用不着分出究竟谁更胜一筹！”

那一瞬间，梦雅的心里像是照进了一束明媚的光，扫走了所有的阴霾和压抑。她总算想通了，人无须跟着别人的脚步走，自己本就是素雅的气质，却硬要往时尚前卫的队列里挤，扭曲了原有的真实，在走样的生活里受煎熬。再回到公司时，她又成了最初那个素简的自己，看起来干净舒服，在明艳照人的同事中间，就像一朵清新的百合，静而美。

库拉尼曾经说过：“模仿、抄袭、效仿别人暴露出一种恨自己的倾向。”模仿别人，嫉妒别人，与人攀比，就证明你在否定自己。回头想想：如果对自己的感觉都不好，那还有什么能让你感觉好呢？纵然攀比之后，你努力争取到了，那也不过是为了比较而达到了目的，并非内心真正的满足。

其实，无论做人还是生活，都不需要太过刻意，做好自己就已经足够。若是玫瑰，娇媚鲜艳，就不要和玉兰比清香淡雅，只要安然享受热情与浪漫就好，不必抱怨自己长着的刺；若是小溪，涓涓细流，就不要和大海比宽广辽阔，只要静静享受流淌的惬意从容就好，不必抱怨自己默默无闻。

做女人，就该有这样的态度。别人有她的华美大气，你有你的淡雅清秀；别人有她的奢侈名贵，你有你的独特品位。把目光从别人身上转移开来，做最好的自己，留下最美丽的风景给别人欣赏，用不着一味地追逐别人的美丽，压抑自己的真实。在这浮躁的世界里，保持自己的本色，看到属于自己的美好，是一种智慧。

从某种意义上说，比较也是一种动力。女人若要在社会与生活中确定自己的位置，不断地超越自我，得需要一个参照物。然而，这种参照该是一种目标，而不是看到谁好就跟风，看到谁差就知足。更何况，生活的差别无处不在，每个人的生命都被上苍划了一道缺口。

你看那冬日里的腊梅，温暖春日百花盛放的时候，它从不去争艳；炎炎夏日莲花散发幽香的时候，它从不去斗芬芳；瑟瑟秋日黄色雏菊笑靥如花的时候，它从不去懊恼；冬雪皑皑百花沉睡的时候，它才傲然自若地开放。凌寒独自开，不争不抢，用平和的姿态傲立雪中，可那顽强的生命力，骄傲的姿态，是它独特的美。

女人也该有腊梅的气质，坚信自己的美好，安心地过自己的生活。面对她人的富贵荣华，只需云淡风轻地欣赏，无需为了争抢之事而折磨自己。

幸福有许多种姿态，你若不是牡丹，就不必追求娇艳；你若不是蔷薇，就不必象征爱的誓言；你若只是小草，就展现顽强的生命；你若是一棵树，就散发出独立的气息。不与人相争，日子或许平淡，可也更安心，更幸福。

当年，夏丏尊去拜访弘一大师。当时，弘一大师正在吃午饭。午餐很简单，一碗白米饭，一碟咸萝卜干。夏丏尊看着这样的饭菜，想到大师出家前的锦衣玉食，心里不免有点酸楚。

他问大师：“这菜不咸吗？”弘一大师说：“咸有咸的味道。”

米饭吃完后，弘一大师向碗里倒了些白开水，刷了刷碗底的几粒米，一同喝下。大师出家前，饭后都有香茗一盏，今日的情景和往日一比，夏丏尊更觉得心酸。

他问大师：“这么淡喝得下吗？”弘一大师说：“淡有淡的味道。”

咸有咸的味道，淡有淡的味道，生活不也如此吗？人生短短几十年的光景，把时间和精力浪费在与人攀比上，实在可惜。蔷薇有蔷薇的娇美，莲花有莲花的清幽，小草有小草的青翠，平静地看待这些事，用一颗安然自得的心，享受自己的人生。

心|灵|寄|语 HEARTWARMING

不羡慕别人的奢华，不奢望没有的东西，不争、不躁、不悲、不怨，懂得咸淡各有味，无疑是一种幸福的活法。在人生的竞技场上，用不着跟谁去比较，你就是主角。你要经常提醒自己：我能拥有的就是最好的，因为这是我能得到的。

第七章

Chapter Seven

心有梦想

你的努力，终将成就美好的自己

昙花为了自己的梦想，甘愿承担往日的无人理睬；流星为了自己瞬间美好的梦想，宁可放弃灿烂闪耀的生命；彩虹为了自己绚丽多姿的梦想，甘愿忍受暴风雨的洗礼。追梦就如登山，梦越大越完美，山就越高，越险峻。你为梦想付出多少，你就会得到多少。

追逐梦想，不负此生

相信，每个女人都曾有过自己的梦想，可随着年龄渐增，物质、金钱、家庭等等的“大事”让我们抛弃了曾经的梦想。

有一位女作家，精辟的总结了很多女人的一生：20 岁之前，我们活在家人、老师的期望之下，背负着很多的压力与包袱，自己也不够成熟，能力不足，因此步履难免不稳。20 岁之后，离开了众人的压力，卸下了包袱，开始全力以赴地追求自己的梦想，就这样愉快她过了 10 年。可是过了 30 岁，发现青春已逝，不免产生许多的遗憾和追悔，于是开始遗憾这个、惋惜那个，抱怨这个、嫉恨那个……就这样在抱怨中度过了几十年。到了 60 岁，发现人生已所剩不多。于是告诉自己不要再抱怨了，珍惜剩下的日子吧！于是默默地走完了自己的余年。而等到了生命的尽头，才想起自己好像有很多重要的事情没有完成……

梦想是值得珍惜的。梦想是心灵的花蕾，它像爱情一样，只有及时浇灌，才能带给女人幸福愉悦的体验。所以，女性朋友们一定要坚持不懈的追求，朝着自己的梦想前进，不能让它随着岁月流逝而消失。梦想应该像一个人对自己一生的“承诺”，必须严肃认真地面对它、实践它。

小娜和小叶考进了同一所全国著名的学校，在学校学习期间，两个人都十分努力，成绩优秀。大学生就业越来越困难，幸运的是，毕业的时候，一家国际知名的大企业到学校来招聘，两个人都顺利地过关斩将，成功地获得了仅有的两个待遇优厚的职位。

因为是校友，又到了同一个公司，两人自然就成了好朋友。

在别人眼里她们是幸运的，从一个普通学生一下子就跨入了白领阶层。小叶也是这样想，她对自己的工作十分满意，认为自己以前所有的努力终于有了回报。所以，她总是小心翼翼地在工作上不出一点差错，生怕丢了饭碗。

可是小娜则不然，到公司以后，她的工作也很出色，颇受上司赏识。但是小娜觉得这家公司不大适合自己发展，于是积累了一些经验以后，毅然决定辞去待遇丰厚的职位，打算自己下海打拼，临行前，小娜和小叶打了个招呼。

“什么？你疯啦！好好的工作不做，辞职了没收入怎么办？做生意破产了怎么办？”小叶显然不理解小娜的想法。

“工作了一段时间，我觉得应该出去闯一闯了。创业一直是我的梦想，我要证明给大家看，女人也可以做一番大事业，也可以自己当老板！”小娜充满信心地说。

“做女人，安安稳稳就可以了，不要有那么大野心，而且我们现在的工作待遇已经很高了，别人想找还找不到呢！”小叶善意地劝说小娜。

“小叶，现在竞争激烈，我们不能安于现状，人不能不有点雄心。你也一样，别老安于目前的状态，我看这家公司还是很适合你发展的，你也要有个奋斗目标才行。”小娜反过来劝说小叶。

最后，小娜还是离开了公司自己闯荡去了，小叶依旧兢兢业业地保护着她那“稳定的工作”。

两年后因为政策的调整，小叶所在的公司进行了一次大的人员调整，小叶虽然工作上没出过什么错，可是因为太“不进取”，被公司列在了裁员名单里，只好重新找工作。而此时，小娜已经是一家公司的总裁了。

这个故事中，尽管小娜在不停地劝解小叶，但是小叶因为安于现状，不思进取，最终还是丢掉了所谓的“铁饭碗”；而小娜志存高远，敢于挑战自己而实现了自己的梦想，成为了最后的胜利者。可见，在人生的成长过程中，一个人能否成为最后的受益者，与他是否具有雄心是相关联的。

女人一定要有自己的梦想，要有自己追求的目标。在春天确立的梦想，就如同一粒小小的种子，别看这粒种子很小，很不起眼，很易让人轻视，可只要你小心地守护它，它总能生根发芽。所以，在最美好的年华中，一个女人一定要给自己一颗梦想的种子，哪怕它很小很小。

“淑女屋”的老板匡子因为一个蕾丝的梦想，开始了自己的创业之旅。小时候，匡子家的周围有一些欧式建筑，她从小看着它们，就想象着童话故事中的生活，觉得自己就好像童话故事中的公主一样。爱幻想的孩子可能都喜欢画画，匡子也爱画，她把自己设计的美丽衣服画下来，把自己想象的宫殿也画下来。在她的心中，她未来就会生活在这样的宫殿中，穿着美丽的衣服，演绎着王子与公主的爱情。匡子爱好听音乐、读小说、看戏剧，特别是古典戏剧，她常常沉浸于剧中的情节里，感动得一塌糊涂。

为了完成自己童年的梦想，1991年，26岁的匡子南下深圳，在那里她开设了第一家“淑女屋”专卖店。十几年时间，“淑女屋”迅速成长起来，至今已在全国开设了百余家连锁店，成为年轻女性们拥戴的品牌。匡子设计的灵感往往来源于戏剧故事。当她被一个故事感染的时候，就会身临其境，把自己当成故事中的人物，这时候她拼命地想通过某种方式把这种情感表现出来，于是就有了创作的灵感。草原小屋、绿色狂野、情人节玫瑰、黑白贵族、天鹅湖、奥菲妮娅、森林女王……在匡子设计的作品中，几乎每一个都可以找到到古典戏剧的影子。而这些设计作品就是她的梦想，她的梦想也成就了她的成功。

如今的匡子已经是身家上亿，聪明的匡子，正是大胆地将女性梦想中的美物质化，获得了事业的成功。匡子的设计室很大，布置得像童话中的宫殿。因为能真实地生活在自己的梦中，匡子热爱着生活的每一天。

梦想的力量真是不可思议。记得一位哲人说过一句话：“一个女人可以没有美好的生活，但万万不能没有美好的梦想。”梦想，是黑夜里的一点烛光、一盏明灯、一弯新月；梦想，是岁月里的一缕清风、一滴露珠、一丝细雨；

梦想是轻盈的雨蝶，是放飞的风筝，是飘扬的柳絮，是漫天的飞雪；梦想是飘逸的长发，是摇曳的裙阙，是曼妙的舞姿，是张扬的灵魂。

梦想就是一颗珍珠，或大或小。对于那些一生当中有很多梦想的人，就可能结出一粒又一粒的珍珠。当有一天其中一个梦想成熟之后，这个梦想还会像一根链子一样，将那些散落的小珍珠，或者还没有成型的珠子，串成一串美丽的珍珠项链。

是啊，有梦想的女人最美丽。梦想，是女人一生中，永远在寻找，永远萦绕心间的一个美丽的梦。每个女人都应该迈开追寻的梦想脚步，让自己的人生更绚丽多姿。

心｜灵｜寄｜语 HEARTWARMING

梦想是美丽的衣裳，是心灵的花蕾，有梦想的女人才不会被现实的冷酷榨干，有梦想的女人才不会对琐碎的生活失去激情，有梦想的女人才会更好地体味幸福。

人生在不断挑战自我中闪亮

人生好比一个舞台，每个人都是这个舞台上的一分子。有什么样的目标，将决定每个人所占的舞台大小。

在河边的一片绿草地上，有两块不大不小的石头，它们终日被阳光晒着，被青草拥抱着，偶尔还有牧童来陪它们聊天，日子过得十分惬意。一天，甲石头问乙石头："我们整天过着这种平淡的日子，你觉得好吗？"

"好啊，咱们身处在小溪边，终日听着河水哗哗地奏着歌曲，抬头能看见蓝天白云，低头能看见鲜花绿草。"乙石头伸伸懒腰，慢悠悠地回答道，"更何况，咱们也做不了什么事情呀！"

甲石头叹了一口气，认真地说道："我不想再过这种平淡的日子了，我想随着河水去做一次旅行，经历一下路途的艰难、坎坷和世事的磕磕碰碰。这样不管结局如何，总算不枉来世间走一趟。"

"你再怎样也依然是石头，何苦和自己过不去呢！"乙石头摇摇头，表示不同意。然而，甲石头的决心已定，它在雨水的帮助下，滚进了河里，随着河水一路磕磕碰碰，顺流而下，执着地在旅途上奔波着。

若干年后，饱经风霜、历尽千锤百炼的甲石头已成为一颗世间的珍石，被千万人赞美、称颂。而乙石头则继续在河边享受着安逸和幸福，虽然它很想念甲石头，但想到甲石头正在旅途中奔波时，它就会露出轻蔑的讥笑。

为了更好地珍存甲石头这颗奇葩，人们准备修建一座精美别致的藏宝阁，建筑材料全选用石料。于是，负责修建藏宝阁的工人们来到河边选取石料，他们把正在晒太阳的乙石头劈成了无数个小块，用来作为盖藏宝阁的下脚料。

我们不妨将自己人生的目标定得高远些。设定好目标后，要全力以赴去实现，不断地挑战自己，即使最终因为种种原因没能实现，至少也会比没有目标要强得多。

有人做过这样一个实验：把一只跳蚤放进玻璃杯，发现跳蚤跳的高度一般可达到它身体的 400 倍，如果再增加一些高度，跳蚤就跳不出来了。但是当你把一盏酒精灯拿到杯底，跳蚤热得受不了的时候，它就会“嘣”地一下跳了出去。正像兵法上所说的“置之死地而后生”。

从现在开始，我们不妨自信一点儿，把眼光放高一点儿，胆子放大一点儿，不断挑战自己。只有这样，你的思想才会越积极，眼界才会越宽阔，那么，你未来的高度才有可能“会当凌绝顶，一览众山小”。

事实上，一个真正优秀的、能够赢得别人欣赏的人不会轻易自卑，更不会满足现状。她们会通过自身的努力，一点点地打拼于职场、奔波于生活之中，这是一种顽强不屈、无以摧毁的力量，她们也将变得越来越完美、越来越闪亮。

起初，只有自考专科毕业的她不过是IBM公司的“行政专员”，这种工作与打杂无异，什么都干。她不但要负责打扫办公室卫生，还要负责给人端茶倒水，几乎没有人注意她。

一次，因为没有带工作证，公司的保安把她挡在了门外，不让她进去。她声称自己的确是公司的员工，是因为要给公司买办公用品走得匆忙，把工作证落在办公室里了。但不管她怎么说，保安都不理会。

她委屈地站在公司门口，却惊异地看到一些与自己年纪相仿、穿着职业装的白领们进入公司的大门，他们是那么随意，有的也没有佩戴工作证，而保安却不闻不问。她便问保安：“刚刚进去的那几个人也没有带工作证，你为什么让他们进去？”得到的回答却是：“你赶紧走，就是不让你进，你和他们不一样！”

她感觉自己的自尊心被人当众踩在脚下。她看看自己寒酸的衣装、老土的打扮，再看看那些衣着整洁、气质不凡的白领们，她在心里发誓：“我要努力缩小与这些人的差距，今天我以IBM为荣，我要通过自己的努力，让IBM也以我为荣！”

此后，她利用所有的闲暇时间来充实自己。由于什么都要从头学起，她每天都是第一个来公司，最后一个离开，还常常熬夜到凌晨两三点。很快她成为了一名业务代表，而后通过几年的认真学习和实践锻炼，她的工作能力越来越突出，被任命为IBM公司中国区总经理，被人誉为“打工皇后”。她就是吴士宏。

吴士宏虽然学历低、经验少，但她丝毫没有因此自卑，而是懂得不断挑战自己，努力克服自身的弱项和不足，克服自己能力上的薄弱环节，从而通过一点点的努力慢慢地向目标靠拢，改变了自己的命运，成为了众人欣赏的对象。

心｜灵｜寄｜语 HEARTWARMING

在这个平等的社会中，没有人生来就拥有一切，也没有人不能够拥有一切，关键是你是否有不断挑战自己的信心，能否不断展现一个全新的自己，做一个更好的自己。如果你这样做了，相信你走到哪里都会得到欣赏。

nice!

身上有朝气，生命才有奇迹

女人要有十分的朝气，在工作中有朝气、在生活中有朝气。女人的朝气在笑容中，女人的朝气在厨房里，女人的朝气在爱人和孩子身上……拥有朝气的女人不缺乏被欣赏的目光。

朝气是什么呢？即不断鞭策和激励我们向前奋进的一种力量，它可以让我们对自己所做的一切事情充满足够的信心、充满高度的热情，就算遇到重重困难和阻碍，也能够表现出最坚强、最无所畏惧的样子。

现代社会，人们的压力很大，高昂的房价、年迈的父母、孩子的教育投入与培养，日益激烈的职场竞争以及勾心斗角等，有些人生活得很压抑，而和有活力、有朝气的人相处会变得轻松愉快。

22岁那年，陆露只身一人来到北京闯荡，苦寻了一段时间后，她找到了一份推销化妆品的工作。起初陆露并不喜欢这份工作，但是为了生存，她知道自己必须要做好工作。仅仅一年的时间，陆露便成为公司收入最高、最受领导欣赏和器重的推销员。

她是怎么创造这个奇迹的呢？

最初，陆露把要说的话写下来，然后背得滚瓜烂熟，接着就上门推销。每天早上出门之前，她都会给自己打气说：“把自己想象成演员，正站在舞台上，下面有很多观众看着你。你现在做的事就和演戏一样要有激情，自己都不投入，怎么会有人喜欢呢？”

因此，每一次，当别人打开门后，陆露便热情洋溢地跟对方打招呼，并递上化妆品样品，开始背诵那些推销用语。人们即使不打算买东西，也会被陆露的热情所感染。就这样，一年之后，陆露竟然卖出了上千件化妆品。

不止是对客户，陆露对公司同事们也非常热情，她总是主动和每一位同事打招呼，当别人需要帮助的时候，她会主动地走过去。每当提及陆露时，同事们总是这样评价道：“无论什么时候看到她，她都是充满活力的，这让人情不自禁地被吸引。”

陆露不擅长销售，却能够感染他人，获得广泛的欢迎和欣赏，这都是朝气在发挥着作用。人的情绪总是互相感染的，投入你的感情，表现出你对生活的热情，让人们能够真正地体验与享受你的真实感受，你就会得到想要的回报。

如果问：“在《红楼梦》中，贾宝玉的父亲更喜欢林黛玉和薛宝钗中的哪一个？”很多人会毫不犹豫地回答：“薛宝钗。”虽然黛玉才情过人，但她终日愁云满面、郁郁寡欢，灰朦朦地度过一生，缺少一种生命的活力。而宝钗则有一种活跃的心态和朝气蓬勃的精神。

不仅如此，朝气还可以创造奇迹，就像《瓦尔登湖》的作者亨利·戴维·梭罗说的那样：“如果一个人充满激情地沿着自己理想的方向前进，并努力按照自己的设想去生活，他就会获得平常情况下，意想不到的成功。”

相反，没有朝气的人不仅很难激发自己内心的热情，而且就好像没上发条的手表一样缺乏动力，做事勉勉强强，一旦遇到困难就会退缩。这样的人无法感染周围的人，也很难赢得别人的欣赏，改变自己平凡的命运。

朝气是一种需要长期保持的品质。短暂的朝气是不够的，长久的朝气才最可贵。所谓长久的朝气，就是无论遇到什么苦难和阻碍都能始终如一地保持热情和激情，我们的人生才会发生巨大的改变。

别再怀疑朝气的神奇力量了，它能够跨越性地把你全身的每一个细胞都调动起来，让你精神焕发、光彩照人，而这股力量必将提升你的自信，其结果必然是从内心深处焕发出来一种感染人的力量，从而获得别人的欣赏，赢得成功的青睐。

心｜灵｜寄｜语　HEARTWARMING

无论是工作中还是在人际交往中，请努力地释放你阳光雨露般的朝气，用朝气点亮你的魅力焰火，品尝自信创造的奇迹所带来的惊喜吧。一定要记住，无论遇到什么困难，都要守住身上的朝气。

给生命插上自强的翅膀

莎士比亚曾说过这样一句话："弱者，你的名字是女人。"数百年来成为脍炙人口的流行语。传统观念中，居家带孩子才是女人的本职工作，但很多女人以自己的实力告诉世界，"我要的不是这些"。

2006年1月16日，一些国家的政要齐聚利比里亚国会大厦，参加非洲首位女总统、曾在美国哈佛大学接受教育的埃伦·约翰逊·瑟利夫的就职典礼。

这是一个具有传奇色彩的女人，她出身寒门，既没有豪华型的政治世家背景，也没有当过总统或总理的政治家丈夫。为登上总统宝座，她付出了更多的血汗与泪水。她在美国当过洗碗工，在国内坐过牢，还在国内军事政变中差点被叛乱分子砍了头。

而在家庭生活上，瑟利夫也有颇多挫折，她17岁就结婚，并且生下4个孩子。后来她离了婚，独自抚养4个孩子。利比里亚是个民风保守的国家，离异独身的瑟利夫因此不容易被人接受。在1997年的大选中，"单亲妈妈"的身份使瑟利夫输得很惨。但瑟利夫没有气馁，她终于在2005年12月底举行的大选中击败对手，笑傲政坛。

如果这位女总统动过一次“我是个弱者”这样的念头，相信她就不可能会有今天，她也许继续当洗碗工，或者守着丈夫做个家庭主妇。

一些曾遭遇不幸的女人，总是不自觉地会把自己放在弱者的位置。人的一生中总会有失败，总会有挫折，总会有不如意的事情发生，谁能保证自己一生一帆风顺？碰到不如意的事就怨天尤人，就需要别人照顾，就会反反复复地述说自己的不幸以引起别人的注意，这样有用吗？祥林嫂的悲剧有社会的原因，也有她自身的原因。一开始，别人会同情她，时间长了，同情会变成厌恶。

人性都有弱点，有自己意识不到的无奈与痛苦，有自己无法面对的困难，当困难落在自己身上时，坚强似乎变得遥不可及。总沉浸在自己的痛苦中无法自拔，认为自己是弱者，需要他人的帮助，殊不知只有自己才能救自己，遇到困难更要选择坚强。著名的女设计师蒋艳认为：“女人不一定要做男人一样的‘强人’，但一定要做生活的强者。女人做事是不易，但我要说，真正妨碍女性发展的正是女性自身。”

王晓是一家大酒店的总经理，她之所以有今天的成功，原因就是她从来都没把自己当成是一个弱女子，一个需要社会和其他人来袒护的女人。她站在和男人一样的出发点，一路走来，永不言弃。从一名普普通通的下岗女工成长为一名酒店经理，其中的辛酸自不必说，每当她遇到困难时，她就会告诫自己，别以为自己是女人就可以找各种理由来逃避现实，只有坚持到底才是真正的女人。

作为女人，我们除了要自尊自爱以外，还要相信自己绝不是一个平凡的弱女子。男人能干的事情，女人也一样能干，更要相信自己能找到使人生不断发展不断进步的真正生活。女人不可能完全依靠着男人来实现自我的完善。所以，女人必须摆脱那种错误的理论，而要做一个真正的女人，一个可以创造任何奇迹的女人。

正因为很多女人缺乏自立自强的意识，才会一直站在弱者的队伍里，也因此而失去了战斗的勇气。所以，请不要再把自己看作弱者，现在你要做的就是试着褪去懦弱的外衣，披上了坚强的盔甲，用自己的能力抵挡生活中的所有冲击，大声为自己加油，和所谓的“女人天生为弱者”郑重道声再见！

自强，是指一个人努力向上，自我勉励，奋发图强。自强，不仅是一种坚忍，一种毅力，更是对自己的爱惜。

自强的女人是最有魅力的女人，她们知识丰富、有思想、有独立追求，对婚姻、家庭都有独特的看法，不容易被陈规陋习所左右。她们会凭自己的一腔热情和全部的能力壮大自己、实现自我，她们给婚姻、家庭带来的贡献绝不亚于男人。

晚晴就是一个自强的气质女人。大学毕业后，晚晴一个人到深圳闯荡，在一家房地产公司找了一份工作。在公司里，晚晴的写字间和她经理徐华的办公室之间只有一个玻璃窗，没有任何遮掩，但是距离又是那么遥远。晚晴在公司里尽职尽责，打电话尽量简洁，电脑打字纸一张也舍不得浪费。她的表现很快就让经理徐华知道了。一年后，晚晴的工资也涨了将近一倍。晚晴了解自己，她不奢求生活会无缘无故地恩赐她什么，她不自负，也不自卑，她光明正大地面对生活，她很少逛街，也很少买高档化妆品，在这座喧闹的城市里，她过得恬淡、宁静、平和、认真。

然而，随着金融危机的到来，公司的效益每况愈下，资金不足，贷款到期，每月工资都在告急。很快，公司职员纷纷跳槽，经理办公室文员就剩了两位，晚晴的工作负担也一下子加重了许多，除了以前的工作，还兼经理秘书和一些策划部的杂活儿。她尽心尽力地去帮徐华做一切琐事，她把他的文具一切归类放好，听电话、接待来宾、工作调度，只要是徐华吩咐她做的，不管是分内还是分外，她都全力以赴地去做，并做得让他满意。徐华非常感激她，但为了晚晴的前途，徐华也曾经劝她离开公司，而这时候的晚晴，已经喜欢上了这个经理徐华，她坚信，只要她陪着徐华共同努力，一定会渡过难关。

晚晴用自己所学的知识和经验为徐华出了一份策划，徐华看了非常激动，也非常感谢，他们按着策划一步一步地实施，半年后，公司不但走出了困境，而且还净赚了400万。

圣诞节那天，公司表彰大会上，徐华亲自奖励了晚晴2万元，还为她配备了小轿车和一套公寓。晚晴知道徐华的良苦用心，但是她觉得她追求的不是钱，而是在为公司做贡献时，实现自己的价值。随后，她为公司开办了一家分公司，并在之后一年时间里为公司带回了1000多万元的合同。而此时的她早已是公司的副总经理兼人事部主任。晚晴所做的一切，徐华看在眼里，记在心里，他很感激晚晴，觉得任何一个美丽的面孔都没有晚晴美丽动人。

很快，他们两个就结了婚。婚后，徐华问晚晴是在家享福还是继续帮他干？其实晚晴心里早有打算，她对徐华说："我既不想在家也不想跟你干，给我点资金，我想开一家化妆品公司，你看怎样？"徐华向她跷起大拇指说："我支持你！我心中的女神！"结果，晚晴如愿以偿。有人笑她傻，说她有清福不享，有人笑她呆，说她应该跟老公干，省得他花心。听到这些劝告，晚晴一笑了之："他当初愿意跟我结婚，看中的就是我自强不息的精神，在他心里，自强的女人最有气质，经历那么多困难和挫折，已没什么人再能打动他的心了！"

晚晴虽然相貌平平，但却拥有一种不平凡的性格。她是个自强的女人，从大学毕业到去公司上班，到后来帮助徐华实现理想，到最后实现自己的理想，她身上所特有的自强的气质，帮助她一步一步走向成功，并得到了完美的婚姻。此后她也没有选择依附于自己的丈夫，而是选择了自强的人生，保持着独立的生活方式，让徐华对她更加喜欢与欣赏。

自强是一种自我强大的精神，是自我实现的途径。自强是女人获得幸福的首要条件，也是塑造美丽自我的首要条件和必备条件。自强的女人才是男人心中最美丽的那道风景。

心｜灵｜寄｜语 HEARTWARMING

女人的名字不是弱者！女人不是月亮，不是温室之花。男人能办到的事，女人经过努力同样可以办到。如果说男人是事业的顶梁柱，那么女人便是男人的主心骨。一个女人，只有承认自己不是弱者，才能向着更加美好的人生前行。

面对人生，你需要勇气和坚强

在现实生活中，女人不仅需要外在的美丽，更需要内在更深层次的东西，那就是坚强。

菟丝花与太阳花，都有一副娇美的姿态，可生活习性却迥然不同。菟丝花活着的时候缠缠绕绕，妖娆多姿，可一旦离开了依附的树枝，就无法生存。太阳花不同，它的生命力很强，即使你把它掐断再种到另一个地方，它依然可以活下去，并且温度越高，生长得越快。两种花，像极了生活中的两种女人。

“菟丝花女人”，始终依附着爱人存活，她生命中所有的悲喜，命运中所有的经历，都由身边的那个人决定。他在，她则安好；他离，她则枯萎。仿佛，一切都由不得自己，她早已把命运的交给了另一个人。她懂爱，只是她的爱太过于缠绵、太过于软弱，她只知道他能为自己挡风遮雨，却忘了他不是铜墙铁壁。

“太阳花女人”，是不畏生活的强者。她从来不依附于谁，扎根在一个地方的时候，努力地生长；即便中途被人“掐断”，需要依靠自己的生命力来重新适应环境时，她也决不畏惧。靠着信念，靠着坚强，靠着自身的力量，成长，发展，开花，绚烂。她的人生需要阳光，需要雨露，需要爱人的滋养，但若生活突然中断了“所有”，她还是会笑脸相迎。

姑娘G在高考结束后不久，父亲便出车祸身亡。拿到录取通知书那天，她哭得一塌糊涂。她如父亲所愿的那般，考上了一所知名的大学，只可惜父亲再也无法亲耳听她传达这个好消息了。更艰难的是，家里的经济条件一般，母亲收入微薄，如今父亲去世之事给母亲造成了巨大的打击，身体一直很虚弱。要供养G读完4年大学，着实不是一件容易的事。

临近报到那天，母亲拿出了一张存折，那是肇事司机赔付给家里的钱。G只要了学费和3个月的生活费，她坚信天无绝人之路。上了大学后，她把所有的业余时间都用在找兼职和打工上，去快餐店做服务生，自学广告文案后尝试给人写软文，假期到超市和商场做促销员。就这样，她实现了自给自足，不用再向母亲要生活费。

4年的大学时光，对很多人来说是美妙的，可以尽情地享受自由、恋爱，可对G来说，这4年却过得异常辛苦，既要考虑学业，还要考虑生活，压力很大。但正如泰戈尔所说，你受的苦终将照亮你的路，所有的负担都会变成礼物。

临近毕业，不少人为了找工作发愁，而G因为提早进入社会，具备了丰富的经验，相继有公司向她抛出橄榄枝。她选择了自己最喜欢的传媒行业，开启了对梦想的追逐之路。当周围人夸赞她能干的时候，她只是笑笑，心里的感慨却很多。

西蒙·波伏娃曾说："女人不是生而为女人，而是变成女人的。"风雨来袭时，女人要像男人一样奔跑，带领自己穿越厄运的海洋。生活中有些时候，女人如果自己不勇敢，没人会替你坚强，该坚强的时候，纵使咬紧牙关，也要挺过去。

为了和他在一起，她不顾父母的反对，甚至被父母赶出了家门。结婚那天，父母没有出席，她含着眼泪嫁了，只因不愿为了物质而错过生命中的挚爱。婚后第二年，孩子出生了，父母依然不允许她和爱人一起回家。

直到那一天，全家在医院相聚。母亲的脸上挂着眼泪，对她说："你的命怎么那么苦？"她也掉了眼泪，可嘴里却说："不苦。他的命比我的苦。"她说的他，就是她的爱人。谁曾想到，一向好好的他，突发了脑出血，深夜躺在了地板上。

家里不富裕，住院的押金是借来的。住院半个月，他做了两次开颅手术，喉管切开术，整个人昏迷不醒，吃饭要用管子打进胃里，还要不时地吸痰。他虽未醒，可身体却难受得抽搐。二十八岁的她，在情路上一直坎坷，如今看着昏迷的他，她心痛不已，却始终没想过放弃。

她每天都在空间上写昏迷日记，她希望他醒来的时候，能够知道发生了什么，不想让他的人生有断点，有记忆上的空白。每天，她会给他按摩，和他轻声说话。他昏迷着，可她始终认为他醒着，她不颓废，干净利落，她说："我知道，你喜欢干净。我不会给你丢脸的。"

医生说，要唤起病人活下去的意志。她对他说："你不能就这样睡着，你答应过我，要跟我一起过一辈子。我跟你结了婚，给你生了孩子，你不能'骗'我。"她还说："我会一直陪着你，不管你变成什么样，我都爱你，照顾你。"

昏迷第六十天的时候，他的父亲绝望了，说要出院，放弃治疗。她不答应，她相信，他会醒过来。她每天奔波在家和医院，赶上孩子生病，她又要彻夜不眠地照顾孩子。可是，她依然没有怨言，她依然坚强。朋友问起来的时候，她总是笑着说："我能扛得住。"

终于，昏迷八十天之后，他醒了，完全恢复了意识，能用嘴吃饭，能说话。她激动得哭了，这是出事以来，她哭得最厉害的一次。哭过之后，她又笑了。尽管，他的右半身依然不能动，可相较之前漫长的煎熬、独自的等待来说，她已经很满意。她说："没事，咱们还年轻，慢慢康复。"

父母见到女儿这般，心再也硬不下去了。他们原谅了女儿，也为有这样坚强、勇敢、可贵的女儿感到骄傲。

有朋友问她，怨过吗？她说，从来没有，自己选择的路，跪着也要走下去。她还说，她相信，换成是他，他会比自己做得更好。

许多朋友自愿到医院去探望她和她的爱人，给她送钱，说是心意，不用还，否则，就是看不起他们。她收下了，可她在一个本子上偷偷记下了，每一个挂念她的人，每一笔钱的数目。她对他说，这些钱，以后都要还。

这不是杜撰的故事，是一位如你如我的平凡女子，在生活中的真实经历。

风雨中的玫瑰是最美的。因为它有精神、有傲骨。百花中梅花是最受人赞美的，因为它不畏严寒，经历艰难以后散发出的美是令人震撼的，是摄人心魄的。坚强的女人，就是有这样的魅力，纵然什么也不说，也不解释，可就能用那颗强大的心感染周围所有的人。她们从不会哭哭啼啼，也不会怨天怨地，更不会遇到点事儿就放弃，越是狂风骤雨，越懂得坚守自己。

一位被丈夫抛弃而割腕获救的女人，最终选择了勇敢地面对自己的伤口。她说："从绝望中醒来，看到洒在窗前的阳光，我的心顿时就亮了。他值得我这样吗？不值！我就像凤凰一样，重获了新生。"之后，她用母爱全身心地照料女儿，日子过得有滋有味。她的心苦过，可是勇敢让这份苦找到了出口。

一位双亲惨遭不测的女孩，忍着眼泪，坚强地活着。她说："我不是不想崩溃，不是不想痛哭，只是哭过之后，还要自己重新整理心情，现实中有谁能够每时每刻在你身边为你擦眼泪？"她把痛苦压在心底，像所有不谙世事的女孩那样，挂着笑容出现在家人和朋友面前，出现在公司里，不知情的人，根本想象不到她的遭遇。若说没有伤心，那是自欺欺人，她的心每天都像是被刀割，而每天都在不断地缝合伤口，她用微笑释放着痛苦，她在坚强中等待着记忆的冲刷。

也许，此刻的你，丢了工作，生活不如意，为情所困，有诸多的无奈。可是，请不要哭，不要自暴自弃，世上没有趟不过的河，也没有迈不过的坎儿，只要你努力，你付出，你坚强地往前走，这些难题都会迎刃而解。

出门的时候，把自己打扮得漂漂亮亮的，清清爽爽的。你把自己撑起来了，就不会被外界的所有苦难压倒，那才是真正的强大。如果你不能将自己撑起，谁也帮不了，哪怕是你的爱人，你的父母，再伟大的情感也不可能强大于你的内心世界。

有时，你可能脆弱得一句话就泪流满面，可有时，选择了坚强，你也会发现自己咬着牙走过了很长的路。唯有自己撑起的天空，才会映出幸福的彩虹。

心｜灵｜寄｜语　HEARTWARMING

女人要坚强，远离懦弱，女人有泪也不轻弹。有绽放就会有凋零，不要以为那风雨里飘落的，就都是忧伤的眼泪。那只是女人们向远方传递的爱的消息，来年花期依旧在，什么时候都不晚。

女人因实力而美丽

女人也许可以没有容貌，但是，却不可以没有实力。从长久的角度而言，实力才能最长久的维持一个人的优质生活。世界上有很多女人也许不是最漂亮的，却因为有实力实现了自己生存状态的优质转型。

被人们称为雅诗兰黛的女人，年轻的时候并没有人说她漂亮，但是，到老年却以优雅闻名于世。与她同时代的美人，早已远离了舞台和聚光灯，而她却依然是时尚界的常青藤。因为，实力就是吸引力。

在最新公布的英国富豪排行榜，有一位60岁的名叫安妮·罗宾森的女人特别引人注目，她是英国版《一笔勾销》的节目主持人。连个人资产在3000万英镑的凯瑟琳·泽塔·琼斯，都不得不排在她身后。安妮·罗宾森在节目中，永远是一袭黑衣加冷硬的面孔，对参赛者极尽刻薄挖苦冷嘲热讽之能事，她的风格让所有参赛者都闻之丧胆，人送江湖绰号“恶魔”。然而就是这么一个女魔头，却被认为是最有魅力的女人——谁能否认她的魅力呢？除非是这个人自愿被人认为缺乏品位。

女人因实力而美丽，因实力而快乐，在我们这个时代，容貌和年龄已经不再是评判女人是否有魅力和吸引力的唯一标准。我们可以活到很老很老，但依然很有魅力，我们可以接受皱纹，但必须每一根皱纹都与魅力有关。

知识就是让女人拥有实力的源泉，知识是女人生活中永不落山的太阳，它对于女人的意义非同一般！

如果说人生是一首歌，那么一个女人的学识，就是这首歌中最鲜活生动的音符，有了这些生动的音符，人生就会变得生动而鲜活。

有学识的女人或许不美，但她是可爱的，因为有知识、有才华才变得可爱，任何人见了她，都有相见恨晚的感觉。

民国时的才女作家张爱玲，她并不是美女，但是随着她的《倾城之恋》和《半生缘》横空出世，她那一部部冷艳苍凉的小说立即享誉文坛，她的传奇人生也被很多人迷恋。

民国时，知识分子是社会精英、精神贵族，像林徽因这样受过良好教育又才貌出众的女子，更是凤毛麟角。

林徽因是在东西方文化双重教育下长大的，中西文化融合造就了一个“才女林徽因”。林徽因的学识不仅体现于她读书多，还体现于她挥笔谱就了很多美丽的诗篇，更在于她有出神入化的演技与在建筑方面的造诣。但她又不完全是诗人，不完全是演员，不完全是建筑学家。才女林徽因不仅融入了以男性为主的京派知识分子群体，而且她与他们的交往，还形成了一道很靓丽的风景。

1924 年春天，泰戈尔来华访问，为了迎接泰戈尔，北平的社会名媛排演了一出英文话剧《奇特拉》，在这部话剧中，林徽因饰演其中的女主角奇特拉，并大获成功。而陆小曼当时只是负责发售演出说明书。

林徽因如同一个灵动的精灵，不但冰清玉洁，还口齿伶俐，博学多才，浑身洋溢着知性女子的迷人魅力，使得很多人倾心。在人多的场合，比如"太太的客厅"中，她更是如众星捧月，成为聚会的中心。

作家萧乾在《才女林徽因》一文中曾经这样回忆第一次见林徽因的情形："我怯怯地随着沈从文先生，跨进了总布胡同那间有名的太太的客厅，那是我第一次见到林徽因，她说起话来，是非常有学识、有见地的。别说沈（从文）先生和我，就连梁思成和金岳霖也只能坐在沙发上做听众，他们吧嗒着烟斗，听到精彩的东西时，就会连连点头称赏。"

在林徽因面前，很多人只有点头称赞的份，梁思成和金岳霖这样的学者都如此，更别说寻常人了。所以，博学多识的女人，是让人仰视的。

内心充实、学识丰富的女人，就如同一本好书，一举手一投足间，自然有一份难得的高雅之气，这样的女人，如清纯隽永的文章，经得起岁月的磨砺，受得住时间的雕刻与研磨，永远散发着无穷的魅力。

一个总是被化妆品和高级时装包裹的女人是美丽的，但不一定会显得可爱，但一个被知识装备了的女人就不一样。她会变得格外通情达理，她会更加看重女人的独立和自我的价值，她会对世界多几分本质的了解……因而，她比一般的女人沉着、开朗，更多几分可爱的书卷气。她们的美也显得更加动人和深刻。

任何一个女人都需要生命的成长，这种成长既表现在生理、心理的逐渐成熟，也体现在知识的丰富、才华的卓越上。从这个意义上说，女人拥有了知识，也就拥有了一种超越自我的能力，拥有了一把永远年轻、永远美丽的入门钥匙。知识能带给女人可靠的幸福。

心｜灵｜寄｜语 —— HEARTWARMING

女人，你可以性感，可以清纯，可以优雅，可以妩媚……但是，不要让自己甘于平庸。努力做一个有实力的女人，从容、自信，绽放出属于自己的华彩。

第八章

Chapter Eight

涵养心灵

女人心正，才能家风正

有修养的女人静若幽兰，芬芳四溢。时间可以扫去女人的红颜，却扫不去女人经过岁月的积淀而焕发出来的美丽。这份美丽就是女人经过岁月的洗礼而成就的修养与智慧，就像秋天里弥漫的果香一样，浸润着整个家庭和周围的人。

净化心灵，有修养的女人最美丽

对一个女人而言，什么才是最重要的？靓丽的外表、过硬的学历、无数的财富……其实，靓丽的外表只是天赐的福分；过硬的学历只能证明你在学习上的能力；财富只能给你带来生活上的享受。最能接受时间和命运考验的，则是良好的修养，这是一个人内在最美的本质。

修养的高低与好坏，会给人以充分的感受：是温文尔雅，还是傲慢无礼；对人是不卑不亢，还是前倨后恭；是品德端正，还是卑劣低下……有修养的女人永远都是潇洒从容、举止得体、儒雅大方，不管是顾盼神飞，还是举手投足，都让人心生怜爱与敬佩。这样的女人，才是最美的女人！

一位中年主妇察觉到自己的丈夫经常在家里夸奖他的女助手，这让本来很自信的她也开始怀疑起自己的魅力来。心想自己已经是年老色衰，而丈夫的助手一定年轻貌美。于是她开始频繁地进出美容院，往返于各大商场之间，每天描眉画眼、梳妆打扮，最后听人介绍竟做了美容手术。

尽管这样，丈夫却对她的精心装扮视若无睹，仍旧每天大谈他的那位助手。终于妻子沉不住气了，试探着开始打听女助手的背景。或许是看出了妻子的心思，丈夫邀请妻子一同去探望那位助手。谁知一见之下，妻子竟大为吃惊。因为女助手既不年轻也不漂亮，是一位头发已经开始花白的中年妇女。但妻子也感觉到她在言谈举止中分明流露出来的聪慧、自信、乐观和机智，周围的人无不受到她的感染，甚至这位妻子也抵抗不了她的魅力，十分急切地想和她交个朋友。通过这件事，这位妻子明白，言谈举止赋予一个女人的魅力是任何华服和美容术都无可比拟的。

有教养的女人充满自信的干练，充满情感的丰盈与独立，懂得在得到与失去之间找到平衡。修养与智慧让女人在不同的时刻呈现出不同的状态，一生散发着无穷的魅力。英国政治家柴斯特菲尔德说："一个人只要自身有教养，不管别人举止多么不适当，都不能伤害他一根毫毛。他自然就给人一种凛然不可侵犯的尊严，会受到所有人的尊重。一个没有教养的人，容易让人生出鄙视的心理。"

某大型公司招聘总经理助理，待遇优厚，很多女孩前来面试。她们都认真地准备了简历，并且画着漂亮的妆，穿上了自己最时髦的衣服。于是，一个个靓丽的美女出现在了应聘处。然而，这么多人面试，录取名额却只有一个。大家一边默默地祝福自己能够入选，一边想象着这么大的公司，能被总经理看上的助理一定是最美丽的女子。可是，当面试结果出来的时候，她们却大跌眼镜。一个叫盛雪的女孩被采用了，可她既没有美丽的外表，也没有时髦的打扮，她是那么的普通……

很多人都觉得自己比她强得多，对于自己被淘汰耿耿于怀，然而，总经理的一席话却让她们心服口服。

“感谢大家来参加此次招聘，从大家一进门，我就已经注意到各位的行为了，你们当中只有盛雪把走廊里倒在地上的扫把扶了起来，而且，她进入公司之后一直姿态优雅，举手投足都大方得体，而不是等到开始面试时才走着端正的步子。再者，她的简历上填的更多的是她参加过的爱心公益活动，而不只是获过多少奖项。如此一个有爱心、细心，又不夸夸其谈的女孩，正是总经理助理的最佳人选。”

在这么多人中脱颖而出，盛雪所依靠的并不是美丽的面容，而是她的修养。虽然漂亮的外表可以获得别人的羡慕，但是能让人从内心产生敬意的还是修养。良好的修养不仅是女人获得良好人缘的前提，也是女人在职场中获得成功的催化剂。

修养可以使人变得清澈、从容，它就像水一样，也许你不口渴的时候，感觉不到有多需要它，可一旦需要了，才体会到它的重要性。同样，对于提升女人的气质，修养也起着必不可少的作用，缺少了它，女人即使有漂亮的容貌，也未必算真正的成功。

有修养的女人就如同小溪一样，用纯净简单的心态去对待万物、包容万物。面对纠纷和矛盾的时候，有修养的女人都会展现出宽容的一面，用广博的心胸默默包容，化干戈为玉帛，从而将品质的光辉转化为影响力和凝聚力。就是这样，有修养的女人在职场和生活中都能令自己处于不败之地。身为女人，用良好的修养作为自己的底色，无论身处温室还是僻壤，都会游刃有余地面对一切，尽显生命之华彩。

一个阳光明媚的午后，两个少妇带着各自的孩子在小区里玩耍。调皮是小孩子的天性，两个小家伙东摸摸、西碰碰，对什么都是那样的好奇。

“不许摘花！”一声呵斥吓得两个孩子哇哇大哭起来，原来两个母亲只顾着聊天，注意力离开了孩子，而两个小家伙看着花园中的鲜花开得正艳，就一朵接着一朵采摘了下来。呵斥声正是看花老人吼出来的。看花老人本来是想阻止孩子继续摘花，没想到由于嗓门太大吓到了孩子，一脸愧疚地向孩子的母亲道歉。

看到受惊吓的孩子哇哇大哭，当妈妈的心里自然心疼，但是两个妈妈的做法却大相径庭。一个妈妈一边安慰孩子，一边向看花人连声道歉，承认孩子摘花是自己的过错。另一个妈妈却抱起孩子就对看花老人破口大骂，恶语相加。这时候很多人都看不过去了，纷纷指责对老人破口大骂的少妇：“看花老人是尽他的职责，虽然方式欠妥，可是老人已经道歉了，你怎么还能去骂老人呢？”

听到周围人的议论，那个女人抱着孩子悻悻地离开了。

修养就是从点滴小事中显露出来的。故事中得理不饶人的少妇外表虽然美丽，但是行为的粗鲁已经让她的美大打折扣，令人望而生畏。而另外一个肯于承认自己错误的少妇，其善待他人的做法体现出对别人的尊重，其实尊重别人也就是尊重自己，有修养的女人总会像花朵一样芳香四溢。

有修养的人，拥有广阔的胸怀和博爱的内心。修养就如同山间那欢乐的百灵鸟，因为清脆地鸣叫，寂寥的山谷才回荡起美妙的声音；拥有修养的人就像山坡中朵朵盛开的杜鹃花，因为美丽的点缀，绿草成茵的山坡才充满绚丽的色彩。

心 | 灵 | 寄 | 语 —— HEARTWARMING

修养是道德美的表现，它会随着岁月的流逝、心灵的净化而日益显示出光华。有些人看上去十分美丽，但言语粗俗、行为粗鲁，令人望而却步；相反，那些相貌平常，但言谈举止富有修养的人常常能赢得人们的心。

气定神闲，真正的安宁来自内心

有些人，可以镇定地面对命运带来的诸多曲折坎坷，不在意周围的人有怎样的幸运和财富，只是执著于自己脚下的路，做好自己应该做的每一件小事，不在乎结果是否符合自己的预期。虽然看似平淡，但一路上却是风光无限。工作、感情、生活，每个方面都可以经营得有声有色。即使在旁人看来并不够富足，却可以保持平和。

平和的女人是水，随着时代的进步，不断调整生活的节奏。在山涧小溪，她是单纯清澈的水滴；在飞天瀑布，她是奋不顾身的飞花碎玉；在浩瀚的大海，她又如汹涌的波涛一次次朝礁石撞击。

平和的女人又是画，一幅清新隽秀的山水画。无论外界风卷云涌、世事变迁，内心总是一派处事不惊、安详宁静的意境。

平和的女人总是微笑着面对困难、面对环境。她不为日常琐事而计较，不为生活的压力而焦虑，不为现代人儿女情长的善变而烦恼忧郁。委屈时，她躲在房间品味《命运交响曲》的强劲有力；失意时，她用笔记录潮起潮落的心绪，寄给远方的亲友一同勉励；挫折在前，她告诫自己重新振作，适应新的处境；苦难面前，她命令自己跨过颓废，去拥抱新一轮的太阳。

平和的女人，恬淡如菊，在花开花落的流年时光中，淡然面对风雨，淡定面对人生中的突变，无论任何事，都能做到气定神闲。

夏梦心烦意乱地翻阅着桌子上的一大堆文件，电话那端又传来老板索命般的声音，追问着项目的进展情况。连日来的闷热天气，让夏梦头痛欲裂，情绪极度紧张，皮肤也因精神压力过大泛起一片片红疙瘩。眼前的工作如同一团乱麻，惹得夏梦只想发飙。下属们看见她，都像是受了惊吓的小鹿，不敢大声说话，生怕不小心惹怒了她，给自己带来麻烦。

中午休息时，夏梦在洗手间意外听到下属们在偷偷议论她。

“哎，你有没有发现，夏梦最近有点不正常呀？整天吊着一张脸，动不动就发火，不会是婚姻出问题了吧？遇见这么一个神经兮兮的主儿，弄得我们也特累。”

“是呀，整天提心吊胆的。可能是老板催得紧吧，她压力也很大。话说回来，谁的压力不大呢？总得想办法自己调节吧，总拿身边的人撒气就有点儿说不过去了！”

一语惊醒梦中人。夏梦知道自己最近情绪不好，主要就是项目上没什么进展，有些原本答应合作的客户，不知何故非要取消合约。这次的推广方案是自己策划并实施的，如果推广成功的话，她很有希望晋升为分公司的经理。她太在意这次升职机会，也很在意老板对自己的看法，心里也就不免焦躁了，失去了往日的镇定与从容。这种急迫感让她经常烦躁不安，大发脾气，先生也说她最近说话都带着“火药味”。

带着沉重的心情回到办公室，夏梦决定甩掉这种令人生厌的精神状态。她把办公桌彻底整理了一番，心绪顿时觉得没那么杂乱了；她又打理了一下那盆多日没有浇过水的绿萝，而后拿出久违的印花小瓷杯，给自己泡了一杯沁人的绿茶。在茶香中，她开始反思自己最近的状态：“何必这么为难自己、为难别人呢？能升职固然是好事，不升职又何妨呢？”

静心细想，她顿时觉得心里轻松了不少。她试着放下那些沉重的枷锁，放松情绪，品尝着那杯上好的绿茶，让自己沉浸在置身事外的宁静中。待思绪平稳后，她像往常一样写下手头要做的工作，标出轻重缓急，开始有条不紊地着手进行。

夏梦那天的工作任务繁重，但没想到在临近下班时竟轻松完成了，难得不需要加班。到了下班时间，她收拾好东西走出办公室，心里涌出了昔日那种小有成就的喜悦感，脸上也泛起了笑容。她笑着跟同事打招呼告别，大家都觉得很奇怪，有的人还悄悄议论，以为夏梦遇到了什么喜事。

接下来的那段时间，夏梦一直不断地提醒自己，要保持一颗宁静的心，不能被升职的念头束缚。有意思的是，当她不那么在意这件事的时候，一切居然开始朝着好的方面发展。下属的执行效率高了，项目有了明显的进展，老板对她也更加重视了。

从这件事里，夏梦也悟出了一个道理：岁月静好不是一种生活状态，而是一种心境。不慌不躁，心想事成并不是太难的事，只要你熬得起、忍得住，一步一个脚印地走，抵达终点是迟早的事。可是，一旦心浮躁了，难以控制情绪的时候，原本美好的事情，也会朝着糟糕的方向发展。越是身处浮躁之中，越要保持内心的宁静，没有一份沉稳、踏实做事的心态，急躁沉不住气，即便目标再高远、理想再崇高，也不过是水中花、镜中月。

有句话说得好：“心静，万物莫不自得。”每天抽出一点时间来思考自己的心情变化，把它记在日志本上，时间长了，你会发现自己每天的情绪起伏，强化保持心情平静的动力。

当你感觉自己无论如何也难以静下来的时候，试试用冷水洗脸，降低皮肤的温度，消除急躁的感觉。

人生真的不必太急功近利、患得患失，将脚步放慢一点儿，让心灵放松一点儿，以从容的姿态去坚守梦想。很多时候，你静了，岁月就好了。

人生最好的境界是丰富的安静，也就是所谓淡然。保持一种淡然、安定的心态，看轻世间的纷纷扰扰，不轻浮、不烦躁、不急功近利，遇事要沉静、多思考、稳如泰山，才算是拥有了丰富的精神宝藏。

“淡”是心境。不管外表显得多么镇定自若，唯有内心真正的平和，才能使人保持淡然。每个人都有着不同的过往，经历不同，对周围事物的看法和处世方法也不尽相同，因而内心产生的情绪千姿百态。想要做到惊喜过后的沉静、成功过后的思考、被称赞过后的自省，就需要拥有一份“淡”的心境。

真正的淡然并不是消极、无为的，而是学会放过那些不切实际的目标和追求，抛弃虚妄的浮躁和幻想，明白什么样的事是切实可行，能够通过努力实现的，而后才会付出自己全部的精力。不好高骛远，也不盲目攀比，有所为，有所不为，方能实现有为。生活中，我们时常会遇到说话不着边际的人或者爱做梦的人，接触得久了，只能敬而远之。如果多么宏大的理想和野心都只能是空谈，那么追求也就显得毫无意义了。所以，保持淡然的心态，才能找到真正适合自己的路。

“最贤的妻，最才的女”。这是相濡以沫的丈夫钱钟书对杨绛的最高评价。

杨家世居无锡，是当地一个有名的知识分子家庭。杨绛的父亲杨荫杭学养深厚，早年留日，后成为江浙闻名的大律师，做过浙江省高等审判厅厅长。辛亥革命前夕，杨荫杭于美国留学归来，到北京一所法政学校教书，就在这年7月17日，杨绛在北京出生，父亲为她取名季康，小名阿季。

1935年7月13日，钱钟书与杨绛在苏州庙堂巷杨府举行了结婚仪式。随后钱钟书考取了中英庚款留学奖学金，杨绛毫不犹豫中断清华学业，陪丈夫远赴英法游学。满腹经纶的大才子在生活上却出奇地笨手笨脚，学习之余，杨绛几乎揽下生活里的一切杂事，做饭制衣，翻墙爬窗，无所不能。杨绛在牛津“坐月子”时，钱钟书在家不时闯“祸”。台灯弄坏了，“不要紧”；墨水染了桌布，“不要紧”；颧骨生疔了，“不要紧”——事后确都一一妙手解难，杨绛的“不要紧”伴随了钱钟书的一生。

1937年，上海沦陷，第二年，两人携女回国。钱钟书在清华谋得一教职，到昆明的西南联大上课，而杨绛留在上海，在老校长王季玉的力邀下，推脱不过任了一年母校振华女中的校长，这也是她生平惟一一次做“行政干部”，其实一贯自谦“我不懂政治”的杨绛，正是毕业于东吴大学的政治系。

1945年的一天，日本人突然上门，杨绛泰然周旋，第一时间藏好钱先生的手稿。解放后到清华任教，她带着钱钟书主动拜访沈从文和张兆和，愿意修好两家关系，因为钱钟书曾作文讽刺沈从文收集假古董。钱家与林徽因家的猫咪打架，钱钟书拿起木棍要为自家猫咪助威，杨绛连忙劝止，她说林的猫是她们家“爱的焦点”，打猫得看主人面。杨绛的沉稳周到，是痴气十足的钱钟书与外界打交道的一道润滑剂。

家有贤妻，无疑是钱钟书成就事业的最有力支持。1946年初版的短篇小说集《人·兽·鬼》出版后，在自留的样书上，钱钟书为妻子写下这样无匹的情话：“赠予杨季康，绝无仅有的结合了各不相容的三者：妻子、情人、朋友。”

1966年，钱钟书和杨绛都被革命群众“揪出来”，成了“牛鬼神蛇”，被整得苦不堪言，杨绛还被人剃了“阴阳头”。她连夜赶做了个假发套，第二天照常出门买菜。群众分给她的任务是清洗厕所，污垢重重的女厕所被她擦得焕然一新，毫无秽气，进来的女同志都大吃一惊。

后来，形势越来越严峻，钱钟书在中国社科院文学所被贴了大字报，杨绛就在下边一角贴了张小字报澄清辩诬。这下群众炸窝了，身为“牛鬼蛇神”的杨绛，还敢贴小字报申辩！她立刻被揪到千人大会上批斗示众。当时文学所一起被批的还有宗璞、李健吾等，其他人都低着头，只有杨绛在被逼问为什么要替资产阶级反动权威翻案时，她跺着脚，激动地据理力争："就是不符合事实！就是不符合事实！"这"金刚怒目"的一面，让许多人刮目相看，始知她不是一个娇弱的女人。

1969年，他们被下放到干校，安排杨绛种菜，这年她已年近六十了。钱钟书担任干校通信员，每天他去邮电所取信的时候就会特意走菜园的东边，与她"菜园相会"。在翻译家叶廷芳的印象里，杨绛白天看管菜园，她就利用这个时间，坐在小马扎上，用膝盖当写字台，看书或写东西。而与杨绛一同下放的同伴回忆，"你看不出她忧郁或悲愤，总是笑嘻嘻的，说'文革'对我最大的教育就是与群众打成一片。"其实十年文革，钱杨夫妇备受折磨，亲人离散：杨绛最亲的小妹妹杨必被逼得心脏衰竭辞世，女婿王得一也在批斗中不堪受辱自杀。而沉重的伤悲未把两人压垮，在此期间，钱钟书仍写出了宏大精深的古籍评论著作《管锥编》，而杨绛也完成了翻译讽刺小说的巅峰之作——八卷本的《堂吉诃德》。从干校回来八年后，杨绛动笔写了《干校六记》，名字仿拟自沈复的《浮生六记》，记录了干校日常生活的点滴。这本书自1981年出版以来在国内外引起极大反响，胡乔木很喜欢，曾对它下了十六字评语："怨而不怒，哀而不伤，缠绵悱恻，句句真话。"赞赏杨绛文字朴实简白，笔调冷峻，无一句呼天抢地的控诉，无一句阴郁深重的怨恨，就这么淡淡地道来一个年代的荒谬与残酷。女儿钱瑗一语道破：

“妈妈的散文像清茶，一道道加水，还是芳香沁人。爸爸的散文像咖啡加洋酒，浓烈、刺激，喝完就完了。”

从1994年开始，钱钟书住进医院，缠绵病榻，全靠杨绛一人悉心照料。不久，女儿钱瑗也因病住院，与钱钟书相隔大半个北京城，当时八十多岁的杨绛来回奔波，辛苦异常。钱钟书已病到不能进食，只能靠鼻饲，医院提供的匀浆不适宜吃，杨绛就亲自来做，做各种鸡鱼蔬菜泥，炖各种汤，鸡胸肉要剔得一根筋没有，鱼肉一根小刺都不能有。“钟书病中，我只求比他多活一年。照顾人，男不如女。我尽力保养自己，争求‘夫在先，妻在后’，错了次序就糟糕了。”

1997年，被杨绛称为“我平生唯一杰作”的爱女钱瑗去世。一年后，钱钟书临终，一眼未合好，杨绛附他耳边说：“你放心，有我呐！”内心之沉稳和强大，令人肃然起敬。“钱钟书逃走了，我也想逃走，但是逃到哪里去呢？我压根儿不能逃，得留在人世间，打扫现场，尽我应尽的责任。”当年已近九十高龄的杨绛开始翻译柏拉图的《斐多篇》。2003年，《我们仨》出版问世，这本书写尽了她对丈夫和女儿最深切绵长的怀念，感动了无数中国人。而时隔四年，96岁高龄的杨绛又意想不到地推出一本散文集《走到人生边上》，探讨人生的价值和灵魂的去向，被评论家称赞：“九十六岁的文字，竟具有初生婴儿的纯真和美丽。”

这位老人的意志和精力，让所有人惊叹！

这也是她一贯身心修养的成果。据杨绛的亲戚讲述，她严格控制饮食，少吃油腻，喜欢买了大棒骨敲碎煮汤，再将汤煮黑木耳，每天一小碗，以保持骨骼硬朗。她还习惯每日早上散步、做大雁功，时常徘徊树下，低吟浅咏，呼吸新鲜空气。高龄后，改为每天在家里慢走7000步，还能弯腰用手碰到地面，腿脚也很灵活。

当然更多的秘诀来自内心的安宁与淡泊。杨绛有篇散文名为《隐身衣》，文中直抒她和钱钟书最想要的"仙家法宝"莫过于"隐身衣"，隐于世事喧哗之外，陶陶然专心治学。生活中的她的确几近"隐身"，低调至极，几乎婉拒一切媒体的来访。2004年《杨绛文集》出版，出版社准备大张旗鼓筹划其作品研讨会，杨绛打了个比方风趣回绝："稿子交出去了，卖书就不是我该管的事了。我只是一滴清水，不是肥皂水，不能吹泡泡。"

钱钟书去世后，杨绛以全家三人的名义，将高达八百多万元的稿费和版税全部捐赠给母校清华大学，设立了"好读书"奖学金。杨绛与钱钟书一样，出了名的不喜过生日，九十岁寿辰时，她就为逃避打扰，专门躲进清华大学招待所住了几日"避寿"。她早就借翻译英国诗人兰德那首著名的诗，写下自己无声的心语："我和谁都不争，和谁争我都不屑；我爱大自然，其次就是艺术；我双手烤着生命之火取暖；火萎了，我也准备走了。"

保持一份安宁与淡然，用平常心拥抱生活，你的生活将充满快乐。平常心的世界是无限的，在平常心的字典里找不到烦恼。生活并不是一帆风顺的，有成功也有失败，有开心也有失落，若把这些起起落落看得太重，那么生活对于我们来说永远都不会坦然，永远都没有欢乐和笑声。

心｜灵｜寄｜语 —— HEARTWARMING

得而不喜，失而不忧，生活要有平常心。人生中，长长短短，聚聚散散，不是处处、事事、时时都能达到完美，用平常心拥抱生活才是人生的至高境界。

秀外慧中，女人要有女人味

培根说：“美不在颜色艳丽而在面目端正，又不尽在面目端正，而又在举止合度。”培根笔下的这种美是一种秀外慧中的美。有人把拥有这种美的女人称为“有味道”的女人。

“味道”是一种内在的品质，它需要外在表现形式，譬如说，女人爱美，就是有“味道”的一个重要体现。但是，虽然说“爱美之心，人皆有之”，然而往往因不会美的恰到好处，而让人觉得味道索然。

就说化妆吧，有“味道”的女人就懂得什么时候“淡妆”什么时候“浓妆”，因为她掌握着“相宜”的尺度；而无“味道”的女人，尽管抹了一脸高档次的化妆品，其结果也只能是满脸的沧桑欲盖弥彰。其实，“恰到好处”正是这“味道”之所在。

作家刘心武提出了一种“富心”说，即“社会应在物质文明进步的同时，建 构起新的精神文明，而个人富身的同时，亦应力求富心。”而这里所说的“味道”，正是强调“富心”之后的内容物。当然，若能秀外慧中，那味道就近乎完美了。

其实，“漂亮”是人人都可以做到的，在这个时尚社会里，你只要懂得化妆，懂得穿衣服，懂得如何使“漂亮”更显漂亮，懂得如何使“不漂亮”变成漂亮，这些外表的装扮，几乎可以令每一个女子都成为“西施美人”。问题是除了这副美丽的躯壳外，我们还能看到什么？我们是在追求刹那间的亮丽，还是追求恒久的内在美？

林清玄说过：这个世界一切的表相都不是独立自存的，一定有它深刻的内在意义，那么，改变表相最好的方法，不是仅在表相下工夫，一定要从内在改革……化妆只是最末的一个枝节，它能改变的事实很少。

深一层的化妆是改变体质，让一个人改变生活方式，睡眠充足，比化妆有效得多。再深一层的化妆是改变气质，多读书，多欣赏艺术，多思考，对生活乐观、对生命有信心、心地善良、关怀别人、自爱而有尊严，这样的人就是不化妆也让人乐于亲近。脸上的化妆只是化妆最后的一件小事，简单而言，三流的化妆是脸上的化妆，二流的化妆是精神的化妆，一流的化妆是生命的化妆。

当我们徜徉于现代都市中，芸芸众生一闪而过，你可能惊讶于那蓦然回首的艳丽，那魅力逼人的性感。忽然有一天，你不经意地抬头，一个婀娜多姿的女子走入你的眼帘：她健康、亮丽、神采飞扬；她成熟、自信、秀外慧中；她款款而来，举手投足之间，无不散发出一种只可意会，不可言传的韵味。

我们追求的不正是这种深层流露、内外如一的魅力神韵吗？这就是“女人味”。她就像一杯清香的茉莉花茶，令人意味深远，回味无穷。

有女人味的女子与弱质无缘，她不是林黛玉，病恹恹、意慵慵。她青春健康、肌肤红润、充满活力，时刻让身心保持最佳状态，任何时候都光彩照人、灿烂依然。

有女人味的女子与愚昧无缘，她充满智慧，眼光精明，绝不是小女子见识。她的悟性缘于对生活、艺术的理解，她的气质缘于人格深层的自然流露。她稳重、智慧，周旋于纷纭人际之间，应付自如。

有女人味的女子是何等自信，她是春天的柳枝，外表温柔，内心坚强；她是海天中的沙鸥，一飞冲天。她执著于自我风格的体现，无论是工作、生活都自信、自尊、追求完美。

有女人味的女子是何等柔情，她爱自己，更爱他人。她是春天的雨水，润物细无声；她是秋天的和风，轻拂你的脸庞。她以女性的特有情怀，放开胸襟去拥抱整个世界。

有女人味的女子不是带刺的玫瑰，而是天上的彩霞，一抹微笑、一个眼神、一句睿智的话，都值得你回味、心醉。

读女人就好像在读美文，好的文章光芒四射，诱人阅读，好的美文，是作者心声的自然流露，她不堆砌、不雕饰，读的时候不觉得是在读文章，而是在欣赏一个有形有梦的春天。女人味也是这样溢满四季的回声。

展菱在母亲的熏陶下，从小就喜欢读书，每当周末或者暑假的时候，她常常埋首书堆，她阅读的书包括历史、旅游、文学等多个方面。高中毕业的时候，她的知识就已经非常渊博了。进入大学后，展菱又利用周末的时间学习萨克斯。当然，从小到大，她都没有忽略对修养的提高，在同学们的心中，她是一个才德兼具的女子，大家都非常欣赏她。

大学毕业后，展菱来到了一家知名杂志社工作，虽然工作压力比较大，但是展菱从来不会忽略自己的外表，就算忙碌，也不显匆忙，她给人的形象，永远都是干净利索。每到周末的时候，展菱会拿出一天的时间陪父母，或者与朋友们约会，而另外一天时间则用来看电视或者逛街，她的精神总是保持在最好的状态，所以，她总是感觉生活充满了美好，而她的这种状态也让自己大受欢迎。

不久，展菱的同窗留学归来，约她一起吃饭，当他看到如今的展菱不但才气依然，而且蕙质兰心，一种爱慕之情由心而生。在两个人的交谈中，展菱从来不会只说些无聊的话题，不管他说什么，她都能发表自己的见解。一个有思想、有才华、有韵味的女人，正是他所追求的择偶标准，于是他向展菱展开了爱情攻势。而展菱则是爱情事业双丰收。

正是因为展菱不断地充实自己，才让自己更加有韵味，而这也是让生活更加美满的催化剂。没有人不欣赏有内涵、有韵味的女子，所以，修炼女人味，做一个有韵味的女人对女性朋友来说势在必行。

作为女人，没有不希望青春永驻的。但残忍的是，所有的女人，无论她有多大的雄心壮志，最终不免也要老。青春永远只是人生的美丽过客，来不及缱绻情长，便突然离去。但所幸，还有精神，还有芬芳女人味。

心灵寄语 HEARTWARMING

青春无法把握，失去了无须惭愧，但女人味却是一种精神，把它丢失了则全是自己的错，失去女人味的女人就像鲜花失去了香味一样可怜可悲。珍惜这份上苍赐予的华美礼物，让女人味伴随一生，是每个女人毕生追求！

以和营家，家和万事兴

和，这个观念在中国文字记载中最早出现于周朝。西周末，周幽王的太史史伯在评论周朝必亡这一生死攸关的重大问题时，提出了“和实生物”的著名论断，他说“和实生物，同则不继”。这就是说，只有“和”才能产生万物，而“同”则是不能产生万物的。他列举了很多例子来加以论证，认为：只有一种味道就不能成为美味，需和以多种味道才能成为美味；只有一种声音不能成为美声，需和以多种声音才能成为美声；只有一种颜色不能成为美色，需和以多种颜色才能成为美色；只看到一种事无法做出评价，需与其他多种事物进行比较才能做出评价，等等。

儒家以“和”为价值的中心原则，“和”是不同事物相互联系、会聚而得其平衡，也就是多样性的统一。和为贵，乃中国文化的优秀传统和重大特征。不仅儒家，构成中国传统文化有机部分的其他流派，如佛、道、墨诸家，也大都主张人与人之间、族群与族群之间的“和”。佛教反对杀生，主张与世无争；道家倡导“不争”，以“慈”“俭”“不敢为天下先”为“三宝”；墨家主张“兼相爱，交相利”，尤为反对战争。例如，我们现在提倡要尊重他人”“五讲四美”“精神文明”等等。“尊重他人”这样的道德观念正是和儒家的“和为贵”思想相联系的。

和的观念付诸实践，就形成了中国人独特的行为方式。国家兴盛的理想状态是和谐；文学艺术的最高境界也是和谐；人们处理事务、人际关系也崇尚“和为贵”，用自我克制来消除矛盾、分歧，用相互切磋来扬长避短，通过寻找利益的一致之处，把各方的不同之处加以协调。

在中国的传统文化中，和的观念主要还体现在家庭上，家和万事兴，讲的就是这个道理。家庭应该是幸福的、安宁的，是全家人避风的港湾。当丈夫和孩子回到家里，他们应该感到一种和睦和温暖，这是作为女性应该为家庭营造的氛围。如果一个家庭充满了烟火味，谁还会想回家呢？现在，有很多的孩子不愿回家，那是因为家里没有让他安宁的地方，因为这个家没有让他感受到爱和温暖，因为母亲没能给他足够的爱。丈夫不想回家，是因为妻子没有温和地对待他。所以说，女性应该为自己的家庭营造这种和谐的、和睦的、其乐融融的氛围。

在现代社会，大家族已经分解成了一个个小家庭，在这种情况下，影响家庭和谐的主要就是婆媳矛盾。

俗话说：“婆媳亲，全家和。”这话有双重含义。其一是说婆媳关系融洽与否直接影响着整个家庭中的其他人际关系，如夫妻关系、亲子关系、兄弟姐妹关系以及祖孙关系。其二是说婆媳关系是家庭内部人际关系中最微妙、最难处的一种关系。其实，婆媳关系并不像人们描述的那么恐怖，只要做婆婆的和做媳妇的能够相互理解，能够站在对方的角度去考虑问题，就像达到和睦相处的结果。

美静和婆婆相处的机会不多，按理说不会存在什么矛盾。然而，有一段时间，她们之间开始了明争暗斗，她们的关系就像绷紧的弦，随时都有可能断裂。原因就是她和婆婆争老公。婆婆认为，儿子是她养大的，天经地义归她管。有一次，美静低声求丈夫帮她做一点

小事，哪知婆婆的耳朵比谁都尖，立刻阴沉着脸把她的儿子唤过去，吩咐他去做另一件事，屋里顿时硝烟弥漫，于是，她第一次和婆婆较起了劲。

吵完了架，怄完了气，美静忽然想开了。一年到头，自己又有几天呆在婆家呢？与其制造硝烟倒不如顺水推舟，暂且把老公让她几天，既换来了婆婆的高兴，自己也落个清闲自在。于是一回婆家，她便乖乖地让出“老公”，自己的事尽量自己解决，不再找老公帮忙。当然，回到自己的小家，老公就又属于自己了，还得乖乖听自己调遣。

让人意想不到的是，自从美静采取了这个措施之后，事情竟然发生了变化。有一次，她实在需要老公帮自己一下忙，但她没有直接找老公，而是跑去“请示”婆婆：“妈。您让他帮我抬一下桌子。”婆婆说：“这点小事，你自己叫一下不就得了。”美静故意一脸委屈地说：“可他只听您的话，我哪儿叫得动啊！”好一个婆婆，立刻叫来他的儿子，训斥道：“今后你可要听你媳妇的话，你要敢不听，小心我收拾你！”美静心中满心欢喜。她与婆婆之间的斗争终于变成了温暖的阳光，她的婆婆甚至开始在邻居面前夸奖自己有个好儿媳呢。

美静无疑是个聪明的女人，她用一点小小的“伎俩”，不仅赢得了婆婆的认可，家庭的和睦，也换来了丈夫更多的柔情蜜意。

爱莉也是一个聪明的女人，她的老公是个性格内向的人，平时很少给家打电话，她就常叮嘱他没事打电话和父母唠唠，不是家里有事才去关心，所以现在老公养成了每周给家里打电话的习惯，公公婆婆看见自己儿子的变化都很高兴。

平时他们回老家的次数少，爱莉就常常给他们买些东西寄回去。她知道婆婆有高血脂，肠胃不好，就从网上多搜集一些饮食方面的知识，然后打电话告诉婆婆要多注意什么。她还主动邀婆婆和公公来家里住，虽然生活习惯方面有些差异，但是爱莉总是表现得很谦让，从来没有对婆婆高声说过话。本来，周末的时候，她和老公会睡懒觉，但从公公婆婆来了后，她也不睡了，尽量早起做早饭，自己打扫卫生。婆婆很节约，洗菜水都会用桶存起来拖地，然后再冲厕所，她也就学着婆婆的样子做，节约总是好事嘛。

她的老公是个粗心的人，父母哪天生日都不知道，爱莉也不好直接问，只能从亲戚那里了解到婆婆快过生日了。然后，她也不说破什么，陪婆婆逛街时，给婆婆买了几件衣服和一只玉镯，虽然不值多少钱，但媳妇的心意到了，婆婆心里很高兴，这比什么都重要。

有人说婆媳是天然的情敌，他们都深爱着同一个男人。婆媳因为生怕这个男人与对方过于亲密而疏远了自己，因此，在内心自觉不自觉地都与对方较着劲。

虽然现在绝大多数的小家庭已分立门户，不和婆婆住在一起，但也免不了要和婆婆直接接触。“婆媳经”比较复杂，念好“婆媳经”需要一定的技巧。日本作家渡边淳一先生说：“要解决这个问题，最关键的便是意识的改变。由于婆媳两者之间的思想观念存在着很大的差异，因此，她们互相之间不必过于接近。在此基础上，尽量站在对方的立场上考虑问题。或许对其关系的改善不无裨益。”

婆媳本来是两个毫无联系的女人，她们因为同一个男人而紧密联系着。一个女人看着男人慢慢长大，从自己的怀抱投入另一个女人的怀抱，于心不甘，这个女人是婆婆；另一个女人看着男人渐渐成熟，决定在一起共度余生，如果因为婆婆而冷落了自己，于心有怨，这个女人是媳妇。因此，从男人娶了媳妇之后这种关系就开始对立了。

男人结婚后，与自己的母亲和妻子这两个女人，由母子关系、夫妻关系、婆媳关系相互连接着。三种关系如同三角形的三条边，只有三条边相等，彼此之间才能和谐。

下面是几条与婆婆的相处之道，希望能对你有所帮助。

1．把婆婆当友人

婆婆虽然和自己没有至深的交情，但又不能不相处，不尊重，那么保持一定距离的“朋友”关系就比较妥当了，随着时间的推移，这种“朋友”的关系会越来越亲密。

2．多“谅解”婆婆

如果婆婆的所作所为有什么令自己不满意的，不要发火，火发了，和气就没了。你不妨经常提醒自己：“婆婆是爱人的妈妈，看在爱人的分上我也不能和她计较太多”，以避免自己当场发作和婆婆理论，使矛盾激化而闹得不可收拾。

3. 平日不忘“烧香”

如果不和婆婆常住一起，就要表现出时刻都牵挂着她，比如平日里买点水果、饮料、肉鱼等送过去，离得远的就买些实用的东西寄回去，也许花不了多少钱，但是婆婆收到的是你的一片心意，心里自然美滋滋的，一定会夸你是个懂事又贤惠的好儿媳。

过节或婆婆生日的时候，就更要显示你对婆婆的关心了，婆婆爱吃的食物、贴心的保暖内衣都是不错的选择。

4. 懂得换位思考

婆婆也许年纪大了，和年轻人产生分歧也是很正常的事，所以你要常站在她的立场思考问题，这样和她沟通起来障碍就小多了。

5. 尽量去爱你的婆婆

爱你的爱人，也要爱他的父母，感谢他们，和爱人一起孝顺他们。

6. 体贴，从小事做起

孝顺婆婆，不是光指物质上的，一句问候、一个关怀也会令她感动。没事打个电话，平日里多和她聊聊家常，她会很满足的。

7. 与婆家的其他人也要搞好关系

与婆家的其他人，公公就不必说了，其他的亲戚们也要搞好关系，相处之道就是礼节和尊重。这样你慢慢地就会在婆婆那个大家族里，换来一个好口碑。

心 | 灵 | 寄 | 语 —— HEARTWARMING

和柔的女人成就和睦家庭，使每一位成员都充满了祥和与平静，不仅婚姻能够美满而稳定，整个家庭也会幸福而和谐。

心系父母，孝敬老人是做人的根本

随着我们的慢慢成长，父母却在渐渐衰老。这时，我们更应该重视他们。父母高寿，我们在欣喜的同时，还应感到恐惧。父母年迈的身体，随时可能生病，也随时可能走到生命尽头。

前段时间，网络上疯转《你陪我长大，我陪你变老》的演讲视频，这是北大女学生发自内心的肺腑之言，呼吁社会上的所有儿女们，来关注和陪伴我们的父母，可是，有多少人能做到，陪着父母一起慢慢变老呢？作为儿女，对于刚毕业的，可能刚刚参加工作，为了让父母过上更好更优越的生活，而在外面拼搏奋斗着，一年能够回家一次两次也不错了。对于已婚的，因为有了自己的家庭，生活的压力，不辞辛苦的赚钱，养家糊口，忙碌的生活，甚至会让他们短暂的忘记父母的存在，有时候电话都难得打一个，这就是所谓当今社会空巢老人的孤独和寂寞。

叶子是个音乐制作人。正当她步入事业的成熟期，忙碌于一部新专辑制作的时候，突然接到母亲打来的电话，说父亲病危，让她赶紧回家。

叶子立即放下所有的工作，坐飞机赶回老家。她原本以为能见到父亲的最后一面，心里想着，父亲也许病得很严重或者正在抢救当中。

没想到等她踏进家门以后，母亲却告诉她，她的父亲已经走了。叶子突然之间接受不了这个事实，陷入极度的悲痛中不能自拔。

父亲从小到大都很疼她，视她为掌上明珠。父女俩的关系也一直很好，直到叶子做出一个在父亲看来很不切实际，而且很荒谬的选择——叶子要以音乐为职业，想做个出色的音乐人。

叶子的父母都是普通的工人，家境很一般，而且叶子长得也不是很出众。父亲认为把音乐当成一种业余爱好是可以的，可作为职业对女儿来说那是不切实际的行为，认为她的选择太幼稚。一直以来都坚决反对，想让她找份儿像会计、护士这一类大众化的职业。

而叶子继承了父亲固执的性格，却没有继承他古板的思想。她开始出入酒吧，靠唱歌挣钱养活自己，并执着地从事着音乐创作。一直忙碌于对音乐的追求中，她甚至很少回家看望父母。她想让自己做出优异的成绩，证明给父亲看，她女儿的选择是正确的。

叶子做梦也没想到，父亲竟然在她即将奔向成功的那一刻，永远地离开了她。突然间，她失去了奋斗的目标，失去了驱使自己前进的动力。她后悔自己太自私、太任性了，甚至在父亲要走的最后一刻都没有陪在他身边。父亲的离开给叶子敲响了警钟，忽然之间，她发现母亲已经那么苍老了，她真的醒悟了，自己不能再忽略了母亲。她把母亲接到了自己身边，好好孝敬她，珍惜母女俩共处的每一段时光。

常回家看看吧，不要让自己等到失去了再后悔。有父母在，你就是个有人牵挂，有人疼爱的孩子，就是一个宝。珍惜每一次与父母相聚的时光吧，多陪陪他们，哪怕是给他们一个开心的笑脸，一句温暖的问候，他们都会感到很满足。他们期望的不是大富大贵的显赫，而是合家团聚，其乐融融的天伦之乐。如果等父母不在，你有再多的时间和金钱也不能孝敬他们，这真是人生的一大悲哀，是人生永远没办法弥补的痛。所以，尽孝要尽早，不要给自己和父母留下遗憾。

只要有父母亲在，身后就总是有两双慈爱亲切的目光关注着你，关心你的工作顺不顺利，生活过得好不好。你只要有一点情况，立刻就会得到他们无条件的支持和无私的援助，时时让我们享受到父母的恩情和付出。我们可以听到他们的唠叨，那不断的唠叨里，有他们对当年的经验之谈，有对你现在任性的批评与规劝。也许，就是那些令人听腻了的唠叨，让我们学会了走好自己的人生之路。

只要父母健在，我们就可以尽孝尽责。要是能与父母住在一起，就多出力；要是不在一起，就多尽心。打个电话问候一下，在视频上聊聊天，寄点儿钱或者买些父母喜欢的物品，但最好的还是常回家看看。父母欣慰，我们开心，那才是一种天伦之乐，是一种特别的幸福。

就像陈红的歌里唱的：“找点空闲，找点时间，领着孩子常回家看看；带上笑容，带上祝愿，陪同爱人常回家看看；妈妈准备了一些唠叨，爸爸张罗了一桌好饭；生活的烦恼跟妈妈说说，工作的事情向爸爸谈谈。常回家看看，回家看看，哪怕给妈妈刷刷筷子洗洗碗，老人不图儿女为家做多大贡献，一辈子不容易就图个团团圆圆。常回家看看回家看看，哪怕给爸爸捶捶后背揉揉肩，老人不图儿女为家做多大贡献，一辈子总操心只图个平平安安。”

常回家看看吧，父母都健在，是一种多么大的幸福！我们做儿女的，都要珍惜父母健在的好时光。不要说自己工作忙，不要说自己没时间，认真地尽心尽力，使父母健康快乐。不要为自己留下终生遗憾！

用小沈阳的一句话说：人这一辈子啊，眼睛一闭一睁一天过去了，一闭不睁一辈子过去了。人生是很短暂的，不要将尽孝道变成永远的“未来时”和“未完成时”。

也许很多人都会有这样的感觉：虽然和父母同住一个城市，但由于事情太多，老是抽不出时间回家。总觉得走到哪里也是父母的孩子，他们总在那个老家守候着，回家多一回少一回无所谓。某一天听到某首歌，突然间醒悟过来了。感到父母亲的牵挂是那样的纯洁、无私和默然，如夜晚天空中的明月，柔静地照耀在儿女们的心中。于是，回家的时候，站在门外，总感到内疚，像一个做了坏事的孩子将见到大人那样，心里忐忑不安，总好像谁在责备着自己。敲门的时候，猜想着父母正在家做什么事。进了家门，看到父亲缕缕花白的头发，母亲渐渐苍老的脸，就会有一种心痛的感觉。

子欲孝而亲不在，这种巨大的遗憾还继续发生在很多人身上。如果你还幸福地拥有父母之爱，那么，请别忘了抽出时间，常回家看看，听听妈妈的唠叨，跟爸爸谈谈工作……

心｜灵｜寄｜语 —— HEARTWARMING

尽孝是什么？尽孝就是陪着父母，就像他们曾经陪伴我们一样，不离不弃，他们陪我们长大，我们陪他们变老！

懿德懿行，良好的家风来自母亲

家风又称门风，这个词语在西晋出现并在其后流行，它指的是一家或一族世代相传的道德准则和处世方法。如同一个人有气质、一个国家有特色一样，一个家庭在长期延传的过程中，也会形成自己独特的习性和风貌，体现在家庭成员的一举手一投足之间，这就是家风的表现。家风是一种特定的传统，凝聚着这个家庭一辈又一辈先人的生活态度和人生信念，又因子孙后代的认同传承而持久存在。

家风代代相沿，陶染后辈，深刻影响家族成员的个性。这是一种不必刻意教诫或传授，仅仅通过耳濡目染就能获得的精神气质，具有“润物细无声”的特点。所以，良好的家风是一个家庭无形的财富。

一个家庭如果家风好，那么每一个成员都会受到好的影响。因家风清廉质朴而进取有为、赢得赞誉的古今名人不胜枚举。他们的家庭，必然是长辈父母以身作则，率先垂范。尤其是母亲，对良好家风的形成具有至关重要的作用。

寇准自幼丧父，家境贫寒，全靠母亲织布度日。这些圣贤都是靠纺车养育出来的！寇母常常一边深夜纺纱，一边还要教寇准读书，督导寇准苦学成才。后来寇准进京应试中了进士，当喜讯传达到家时，寇准的母亲已是身患重病，临终她将亲手画的一幅画交给身边的刘妈，说：“我儿寇准日后必定为官，如果他有错处，请您把这幅画交给他。”

后来寇准官至宰相，他感觉自己功成名就了，要请戏班庆贺自己的生日。宋朝那个年代，请一台戏就挺奢侈了，寇准因为已经是一人之下，万人之上的宰相了，戏班子不仅请了，一请就是两台，还准备大宴群僚。刘妈听了这种情形，好像跟太夫人当年教育儿子的状况不太一样，她觉得时机到了，该她献图了。刘妈见到寇准，把寇母临终托付给她的那幅画拿出来。寇准打开一看——是"寒窗课子图""课子"，是教孩子做功课。上面画的是母子两人，当年寒门相依为命的场景，孤灯下，母亲一边纺纱，一边辅导儿子苦读……画幅上面写了一首诗，是母亲的手迹："孤灯课读苦含辛，望儿修身为万民。勤俭家风慈母训，他年富贵莫忘贫。"寇准一见这幅画，感觉母亲往日的教诲历历在目，母亲的这首诗就是遗训啊！他再三地拜读，一下子跪倒，不觉泪如泉涌。他明白母亲的心，马上下令撤去了寿宴，也把戏班子打发走了，从此专心料理政事，不但成为闻名于世的一代贤相，还将勤俭的家风一代代的传了下去。

良好的家风也是中华传统文化的重要组成部分，为民族精神的继承与发扬提供了最普遍最深厚的社会基础。我们祖先父辈的生活经验、实践智慧或价值理念，往往体现在家训、家规、族谱等文献之中。颜之推的《颜氏家训》、曾国藩的《曾国藩家书》、傅雷的家书家信，都堪称一定时代家风家教的典范。在家风的代代传承中，忠孝节义、善良诚信、谦逊有礼、克己节俭等传统美德在中华大地深深扎根，成为每个家庭乃至整个中华民族的内在追求和信仰。随着社会的发展，家风也在不断被赋予新的内容。社会主义核心价值观所包含的丰富内涵，会使当下优良家风的内容得到极大的扩展。

良好的家风能够汇聚正能量，推动社会文明的进步发展。家风连着民风，影响到社会风尚，好的家风家教不仅在代际延传中确保了家族成员的健康成长，而且在社会人际交往中发挥着辐射作用。每一个家庭成员都是其家风的“流动载体”，到一方就影响一方、熏染一方。因此，好的家风能持续促成好的社会风气，使民族的发展与进步获得无尽的能量。

“谁没个难处呢？能帮人一把就帮一把。”在寿光市区工作的周明欣时常记起母亲说过的话。

周明欣说起多年前的一个事：1982年初冬的一个早上，一个衣着单薄的浙江女子，到村里挨家挨户卖蚊帐。“大妹子，先不看蚊帐。我们这边也没有卖饭的，你要是不嫌弃，就在我家喝点稀饭吧。”说着，周明欣的母亲就给她盛了一碗。接过稀饭和咸菜，女子吃了起来。吃完饭，那个女子要留下一顶蚊帐。周明欣的母亲说：“你也挺不容易的，我家现在也没钱，不能买你的蚊帐，帮你的忙，哪能再白要你的蚊帐呢。”

周明欣说，正是因为这些善良的小事传递出点点滴滴的正能量，才汇聚成了农村淳朴的社会风气。

家风、家训，是一个家庭对社会的道德承诺。实践证明，优秀家训的价值内涵与社会主义核心价值观的内在要求是一致的。传承家训，是使社会主义核心价值观落地的好办法。

家是最小国，国是千万家，家风建设不是一家一户的小事。小小家风传承着自强不息的民族精神，小小家风汇集成良好的社会风尚。因此，作为母亲，有责任与义务建设好的家风，维持好的家风，延续好的家风，让良好的风尚得以弘扬，让中华文明世代传承。

心｜灵｜寄｜语 HEARTWARMING

母亲在传承家风中有独特的作用。她不仅可以发挥“家长”的优势，主导家风的传承；而且具备将娘家与婆家的好家风优势互补、重新整合，实现家风的“进化”和完善。